義式經典佛卡夏的美味祕密

FOCACCIA

PROLOGUE
序言

從十七歲開始學做麵包，不知不覺已將近四十年。儘管一路以來，生活和麵包緊密相繫，卻從來沒有厭倦過，仍然抱有想繼續做下去的決心。而且在世界各地，還有很多麵包等待著我去挖掘與學習。所以直到現在，我都懷抱著悸動的心走在這條烘焙之路上。

而在籌備這本書的過程中，我感受到不一樣的悸動。我把所有實驗過的食譜統統記錄在筆記本裡，再從中選出大家需要的、想要的內容，著實度過了一段既艱難卻又快樂和欣慰的時光。

在過去的十年裡，我致力於經營「Baking Academy 4GYE」，也因此有機會與數千名學員結緣，並透過授課和彼此交流、學習。過程中收到了許多疑問，我也會盡量給予解答，然而受限於時間、空間，我知道並不能百分之百滿足所有人。

這次收到出版社的提案，便以很多人苦惱的「低溫發酵」為主題，寫作了越來越受到關注的「佛卡夏」烘焙書。這對我個人而言意義重大。雖然仍有不足之處，但在準備出書的過程中，我盡了最大努力、避免遺漏任何細節，將豐富的烘焙知識與食譜收錄到書裡。

「Baking Academy 4GYE」在我寫作完成的二〇二三年，迎來了十週年。能夠在十週年之際出版書籍，其意義更加深遠。未來我將繼續經營烘焙學院，並且努力藉由書籍等媒介，把研究和開發的一切傳達給大家。

洪相基

ABOUT THIS BOOK
關於這本書

本書以「低溫發酵」為主題，收錄了使用水解法、義大利種、波蘭種來製作的佛卡夏食譜配方，技法不同且風格多樣。

本書食譜的共通點在於，主麵團都是使用「前置酵種」取代難以管理的天然發酵種製成，也就是說，麵團都是在精確的時間、溫度條件下，進行低溫、長時間的發酵。麵團在緩慢發酵時產生的各種微生物，能提升麵包的風味。因此，只要掌握好發酵的「時間」和「溫度」，也適度地調整酵母用量，不僅能提高麵包成品的完整性，也會提高生產效率。換句話說，對於麵包坊、餐廳、烘焙工作室等而言，使用少量的酵母，經過低溫、長時間的發酵來提升麵包風味，並根據各自的生產環境來調整發酵時間，藉此提高工作效率，便是本書的應用重點。

PART 1～4 講述了「低溫發酵」的整體理論，也介紹製作佛卡夏時，需要的材料、工具以及基本製程。在正式進入食譜之前，先充分理解製作理論，才能根據自己的工作環境或工作時間來調整發酵的溫度、時間和酵母用量，如此一來，生產作業便會更有效率。

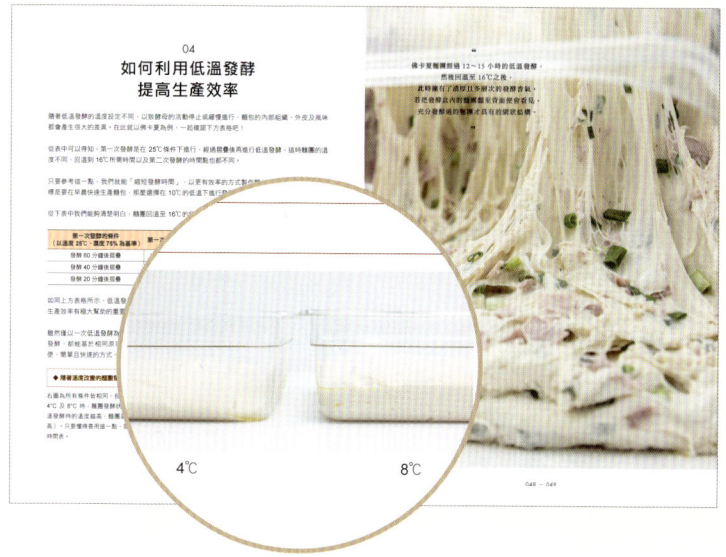

PART 5 介紹以「水解法」製作麵團的作法，以及使用水解法製作佛卡夏的食譜。一開始會教的是只使用最基本材料來製作的「基本款佛卡夏」，接著是不使用機器、親手揉製的「手揉佛卡夏」，並收錄手揉佛卡夏的應用食譜。

書中食譜一開始皆先以流程表簡述整個佛卡夏製作過程，使用的材料皆會清楚標示分量，並且搭配圖片解說從攪拌到烘焙的步驟。關於發酵條件會以「27℃－75％－50分鐘」的形式表現，分別代表的意思為：溫度 27℃、濕度 75％、時間 50 分鐘，以此類推。

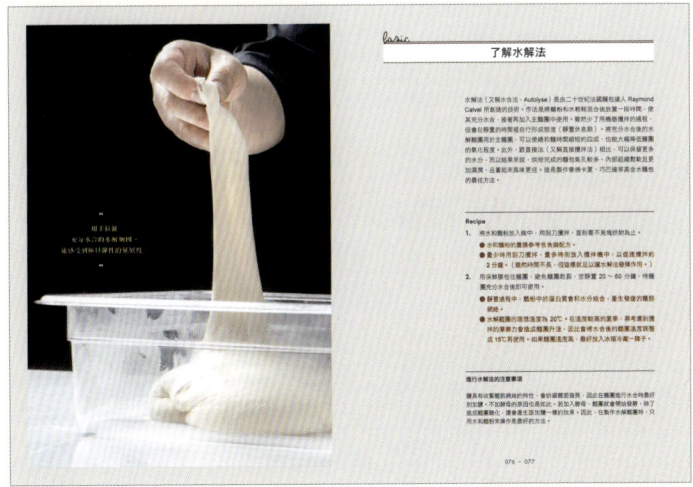

所謂水解法（又稱水合法），是將麵粉和水混合後放置一段時間，讓蛋白質和水分結合而形成麵筋，再加入主麵團來製作的方法。優點是不需要使用機器攪拌，即使在靜置狀態，麵團也會自行產生彈性，進行水合作用，進而縮短主麵團攪拌的時間，因此有助於保留小麥的獨特風味。另外，與一般的直接法（不使用前置酵種，也不會進行長時間發酵）相比，麵團的水分含量較高，可以烘焙出組織濕潤柔軟的麵包，老化速度也因此較慢。

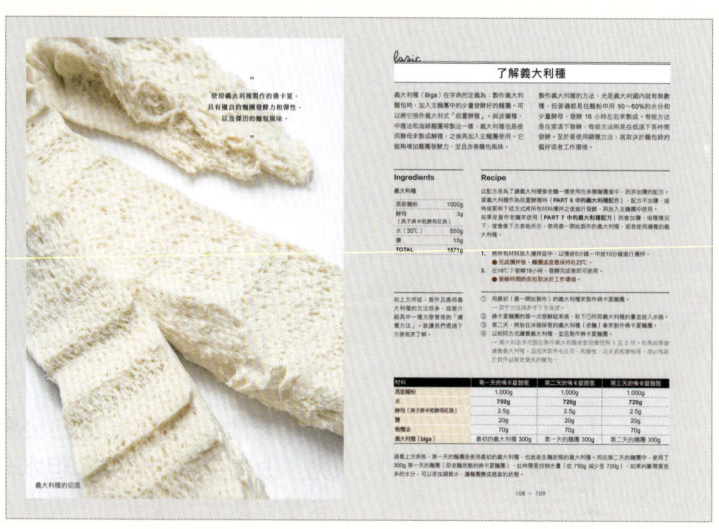

PART 6 則是介紹「義大利種」的製法與續養方法，以及使用義大利種製作佛卡夏的食譜。義大利種（biga）是固態的發酵麵種，由麵粉、水和少量酵母發酵一定時間後形成，是增加麵團發酵力、改善麵包風味的製法。與波蘭種相較，義大利種的水分含量較低，其麵包會比波蘭種的麵包有著更濃厚的發酵風味。書中還會介紹續養方法，也就是將最初的義大利種加入佛卡夏麵團，攪拌後取出一部分，留待下次製作。

經過前面說明水解法及義大利種的製作方法後，在 PART 7 會介紹同時使用兩種方法來製作佛卡夏的食譜。這裡會像使用老麵一樣使用義大利種，不僅能增加發酵的風味，並能讓麵包有更好的膨脹力。

接著探討「低溫發酵法」以及對照組「當日生產的室溫發酵法」這兩種製法的優缺點和差異。充分了解之後，就能自行將書中的低溫發酵佛卡夏食譜，改成當日生產的食譜，或是反過來運用。

此外，也會比較 4℃ 低溫發酵和 8℃ 低溫發酵。4℃ 是一般冰箱的溫度，所以假如家裡沒有發酵箱，就可以用這個簡單的方法來操作。清楚地理解溫度、時間與發酵的關聯性之後，就能按需求把本書中的 8℃ 低溫發酵製程改為 4℃ 低溫發酵製程。

PART 8 介紹製作「波蘭種」的方法，以及使用波蘭種製作佛卡夏的食譜。

波蘭種（poolish）通常由一比一的水與麵粉，加上少量酵母製成，並在它發酵之後混入主麵團中使用。跟義大利種一樣，它也能增強麵團的發酵力，改善麵包的風味，但水分含量比義大利種更高，具有突出的發酵香氣。

PART 9 是佛卡夏的應用食譜，包含了使用佛卡夏製作的三明治、披薩，以及適合搭配佛卡夏一同享用的沙拉和湯品。在這部分會舉例說明半烘焙冷凍麵團的應用方法，也就是將烘烤至半熟的佛卡夏置於冷凍保存，然後在每次需要時取出，擺放配料、再次烘烤後食用的做法。這裡收錄的都是能為店鋪提高生產效率的品項。另外，在這部分裡介紹的各種醬汁和配料都很百搭，因此建議各位拿來靈活運用。

008 - 009

CONTENTS

序言 | 004
關於這本書 | 006

PART 1.
認識佛卡夏

01. 佛卡夏的起源和發展 | 018
02. 佛卡夏麵團的特色 | 020
03. 與佛卡夏相似的麵包 | 022
04. 從法式長棍麵包到佛卡夏
　　食譜開發的基本原則 | 024

PART 2.
佛卡夏的基本製程

01. 製作佛卡夏的基礎流程 | 028
02. 各階段的操作重點 | 030
　　：詳細了解麵團的摺疊 | 033
03. 當日發酵生產 VS 低溫發酵生產 | 034

PART 3.
低溫發酵的理論

01. 了解低溫發酵 | 038
02. 低溫發酵的三種方式
　　① 整塊麵團發酵 | 040
　　② 分割麵團發酵 | 042
　　③ 整形麵團發酵 | 044
03. 低溫發酵失敗的因素和應對方法 | 046
04. 如何利用低溫發酵提高生產效率 | 048

PART 4.
材料和工具

01. 麵粉 ｜ 052
02. 酵母 ｜ 058
03. 水 ｜ 060
04. 麥芽 ｜ 062
05. 橄欖油 ｜ 064
06. 烤箱 ｜ 066
07. 攪拌機 ｜ 068
08. 發酵箱 ｜ 070
• 佛卡夏製作 Q & A ｜ 072

PART 5.
使用水解法製作佛卡夏

：了解水解法 ｜ 076

01
基本款佛卡夏
078

扁平狀的基本款佛卡夏
086

02
手揉佛卡夏
088

02-1
雞肉塔可佛卡夏
096

02-2
雞肉蔓越莓佛卡夏
098

02-3
蜂蜜戈貢佐拉起司佛卡夏
100

02-4
蒜香夏威夷佛卡夏
102

PART 6.
使用義大利種製作佛卡夏

：了解義大利種 | 108

01
甜菜番茄佛卡夏
110

02
烤蔬菜佛卡夏
118

圓角三角形的
烤蔬菜佛卡夏 | 126

03
番茄佛卡夏
130

04
菠菜艾登起司佛卡夏
138

05
馬鈴薯橄欖佛卡夏
146

PART 7.
結合水解法 & 義大利種製作佛卡夏

01
當日生產的
室溫發酵佛卡夏
160

橢圓形的室溫發酵
佛卡夏 | 166

02
比較兩種溫度的
低溫發酵佛卡夏
168

直接在烤盤進行
低溫發酵的佛卡夏 | 175

03
杜蘭小麥佛卡夏
176

04
洋蔥橄欖佛卡夏
184

05
義式紅醬肉腸佛卡夏
192

PART 8
使用波蘭種製作佛卡夏

：了解波蘭種｜204

01
高個子佛卡夏
206

02
黑麥多穀物佛卡夏
212

03
洋蔥佛卡夏
220

04
培根蒜香佛卡夏
232

05
松露佛卡夏
242

PART 9.
佛卡夏的應用食譜

：了解半烘焙冷凍麵團 | 256

FOCACCIA SANDWICH (HOT & COLD)

01
卡布里
佛卡夏三明治

258

02
菠菜培根
佛卡夏三明治

262

03
火腿胡蘿蔔拉菲
佛卡夏三明治

266

04
義大利熟火腿
佛卡夏三明治

270

05
手撕豬肉
迷你佛卡夏三明治

274

FOCACCIA PIZZA

01
烤蔬菜燉肉醬
佛卡夏披薩

278

02
韭蔥義式臘腸
佛卡夏披薩

282

03
茄子醬
佛卡夏披薩

284

04
番茄羅勒
佛卡夏披薩

290

SALAD & SOUP

01
義式番茄沙拉

294

02
凱薩沙拉

296

03
洋菇湯
佐佛卡夏麵包片

298

後記 | 300

FOCA

01.	佛卡夏的起源和發展	018
02.	佛卡夏麵團的特色	020
03.	與佛卡夏相似的麵包	022
04.	從法式長棍麵包到佛卡夏 食譜開發的基本原則	024

CCIA

PART **1**

認識
佛卡夏

01
佛卡夏的起源和發展

佛卡夏是義大利最古老的麵包之一，根據目前資料記載，最早是由伊特拉斯坎人製作。佛卡夏起初為由麵粉、水和鹽製成的未膨化、扁狀麵包。使用的食材簡單，只要有火，不論在哪裡都能烤來吃，即便是一般家庭火爐亦可，所以佛卡夏經常出現在義大利家庭的餐桌上。

在烤箱被發明出來以前，人們就會製作佛卡夏了。那時是將麵團置於平平的石頭上，壓成扁平的形狀，然後埋進炙熱的煤炭中進行烘烤，因此，以拉丁語命名為「Panis focacius」，意思是「爐灶麵包」。

在義大利提到佛卡夏時，一般會想到利古里亞（Liguria）大區的熱那亞（Genova），但在熱那亞，這種食物不叫佛卡夏（Focaccia），而是叫「Pizza Genovese」；靠近波隆那的地方則稱之為「Crescentina」；托斯卡納和義大利中部一帶則稱之為「Schiacciata」。

隨著時間推移，經過幾個世紀後，佛卡夏的食譜配方變得更加精細。如今，麵團中除了有麵粉、水和鹽之外，會添加酵母和橄欖油，還會使用香草、起司、培根等多種餡料和配料，發展出各式各樣的口味和形狀。

佛卡夏從酵母尚未開發的時代一路發展至今，中間經過各式各樣的方法改良。如今，在世界各地可以找到許多跟佛卡夏類似的食譜，可能會加入某些特定食材，或者會配合地區的氣候選擇不同的製法等等，因而產生五花八門的麵包。

像我也是如此，為了凸顯喜歡的文化特色，設計了符合亞洲人口味的佛卡夏。有時加入青陽辣椒或大蒜做出濃郁的風味，有時用馬鈴薯或穀物創造豐富口感，以諸如此類的方式，致力於研發出截然不同的佛卡夏。（現在一定也有像我這樣的專家，為了創造出多種風格的佛卡夏，而在世界各角落進行研究吧！）

將又寬又大的整盤佛卡夏切成一塊一塊來販售，是在義大利隨處可見的風景。而我們卻是近幾年才開始流行，有越來越多店家也使用這種方式來販賣。其實直到幾年前，大家對它都還相當陌生，希望有朝一日，佛卡夏也能像義大利另一項特色食物──披薩一樣普遍，成為日常都能吃到的美食。

02
佛卡夏麵團的特色

綜觀現代的佛卡夏，食譜配方相當多元，風味口感極為多變。因此，誰在哪裡研究出哪一種製作方式、用什麼作為餡料，最終為何得以販售佛卡夏等等，這整個過程我們都無從知曉。然而，如果要為佛卡夏下一個定義，我會這樣說：

古代製作佛卡夏時並未加入酵母，後來隨著酵母的引入，才讓佛卡夏的口感變得比較鬆軟；在加入橄欖油以後，更出現了佛卡夏後來廣為人知的風味，口感也變得更加蓬鬆柔軟；之後，人們開始搭配與橄欖油香氣相互契合的材料，作為配料或餡料，衍生出多元的變化。就這樣，如今佛卡夏發展成豐富的風貌。

佛卡夏麵團的特徵

① **高含水配方**
→ 內部濕潤、氣孔大、口感鬆軟。
② **內含橄欖油**
→ 可感受到濃郁的橄欖油香氣。
→ 跟其他硬式麵包（Hard bread）相比，外皮薄，咬起來有嚼勁。
③ **選擇不同的麵粉可帶來口感變化**
→ 根據使用的麵粉種類，可做出鬆軟或是有嚼勁的口感。

使用麵筋強度大
或者蛋白質含量高的麵粉

使用 W390 左右的義大利麵粉製作麵包，能得到帶有韌性與嚼勁的口感。如果是法國麵粉，由於很難購買到特高筋麵粉，可以選用營養強化麵粉，以增強彈性與嚼勁。至於加拿大麵粉，通常會生產蛋白質含量較高的特高筋麵粉，如果使用蛋白質含量 13.6% 以上的麵粉來製作佛卡夏，不僅含水量高，還會有 Q 彈口感。然而，麵粉最重要的還是其自身的獨特風味，所以在製作佛卡夏時更應優先考慮這一點。

使用麵筋強度小
或者蛋白質含量低的麵粉

義大利麵粉具有一個特性，那就是即便使用約 W260 的麵粉，也能製作出比法國麵粉更有嚼勁且表面酥脆的口感。如果使用的是 T55 法國麵粉，雖然口感偏軟、嚼勁較弱，但咀嚼時可以感受到柔和與滑順，而且會散發出略微不同的香氣。由此可知，佛卡夏的口感會因不同的麵粉種類而有所差異，若想得到鬆軟的口感，選擇蛋白質含量較低的麵粉也是不錯的方法。

* 麵粉的介紹請參考 P.52 ～ 57。

03
與佛卡夏相似的麵包

佛卡夏 Focaccia

風味口感類似的麵包種類

巧巴達 Ciabatta
- 義大利文的 ciabatta，有「拖鞋」的意思
- 跟佛卡夏一樣加入橄欖油來製作
- 利用麵粉輔助，將麵團整形成長方形
- 就算外層烤得脆硬，也是又輕又脆的口感
- 外皮薄脆、內部鬆軟為其特色

面具麵包 Fougasse
- 整形成葉子形狀的扁平麵包
- 跟佛卡夏一樣加入橄欖油來製作
- 經過高溫炙烤後，有脆度的口感為其特色
- 販售的商家會依照地區喜好添加不同餡料

魯茲迪克 Pain Rustique
- 法文意指「鄉村」、「樸素」的麵包
- 不同於佛卡夏，製作時不加橄欖油
- 自然粗獷的外觀為其特色
- 使用灰分含量高的全麥麵粉

法式長棍麵包 Baguette
- 不同於佛卡夏，製作時不加橄欖油
- 含水量比魯茲迪克低

製作麵包需要的基本材料──
麵粉、水、鹽、酵母

04
從法式長棍麵包到佛卡夏
食譜開發的基本原則

如果是第一次嘗試開發食譜,我建議拿使用最基本材料製成的法式長棍麵包(Baguette)來練習。光是從法式長棍麵包食譜中,改變麵粉的種類,或者如同下方表格添加其他成分,就能完成各種轉變與應用。

將法式長棍麵包轉變為佛卡夏

材料	法式長棍麵包（基本）	法棍吐司	佛卡夏（基本）	洋蔥佛卡夏	橄欖巧巴達
T55 法國麵粉	1,000	1,000	1,000	1,000	1,000
濕性酵母	5	5	5	5	5
鹽	18	18	18	18	18
水	700	700	750	750	750
橄欖油			70	70	70
黑橄欖					80
綠橄欖					70
無鹽奶油		30			
細砂糖		30			
洋蔥				150	

★ 隨著麵粉種類不同,吸水率會有所改變;上述表格僅作為幫助理解的參考配方。

接著透過下方表格繼續觀察看看,轉變為另一種類型時食譜的變化。

將法式長棍麵包轉變為鄉村麵包

材料	法式長棍麵包（基本）	全麥鄉村麵包	黑麥鄉村麵包	全麥&黑麥&核桃鄉村麵包
T55 法國麵粉	1,000	800	850	700
濕性酵母	5	5	5	5
鹽	18	18	18	18
水	700	750	750	750
全麥粉		200		150
黑麥粉			150	150
核桃				200
調節水				50

FOCA

01. 製作佛卡夏的基礎流程　　　　028

02. 各階段的操作重點　　　　　　030
　　：詳細了解麵團的摺疊　　　　033

03. 當日發酵生產 VS 低溫發酵生產　034

CCIA

PART **2**

佛卡夏的
基本製程

01
製作佛卡夏的基礎流程

佛卡夏是一種活用度極高的麵包種類，可以作為餐前麵包、三明治或披薩等等。本書介紹的佛卡夏食譜，雖然使用的前置酵種（水解法、義大利種、波蘭種）、餡料或配料、整形方法都各不相同，但基本的製作流程大致相同。

不過，即便是同樣的製作流程，也會因為所使用的材料或配方不同，讓烘烤後的佛卡夏風味有明顯的差異。

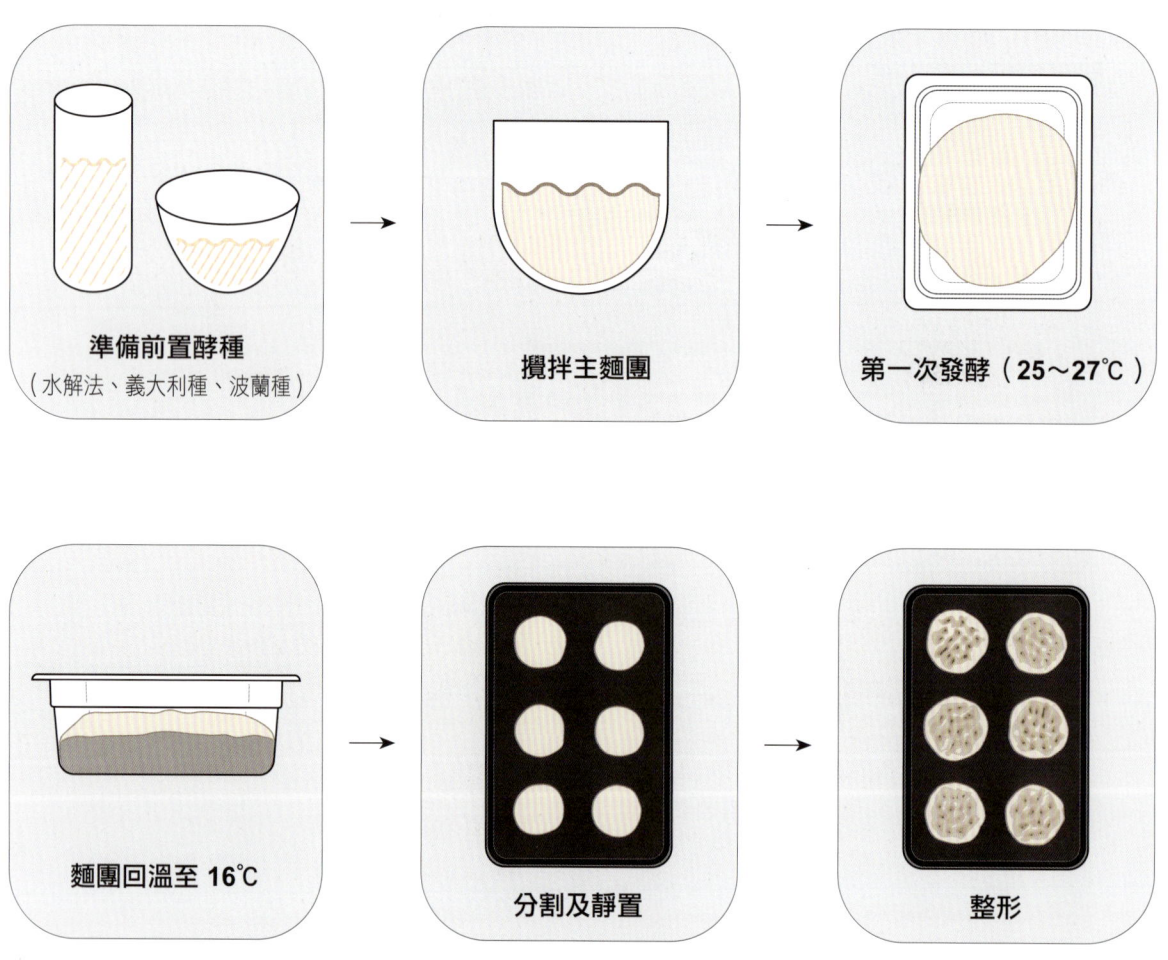

準備前置酵種（水解法、義大利種、波蘭種） → 攪拌主麵團 → 第一次發酵（25～27℃）

麵團回溫至 16℃ → 分割及靜置 → 整形

一旦熟悉基本款佛卡夏的製作方法之後，除了可以成功做出本書收錄的所有佛卡夏食譜，也一定能順利開發出自己想要的口味與風味。

下方圖示為本書介紹的「低溫發酵佛卡夏」基礎製程。請試著在腦海中描繪整個流程，也實際地動手操作食譜，將理論付諸實踐，便能更加容易理解。

各階段的詳細說明請見下一頁。

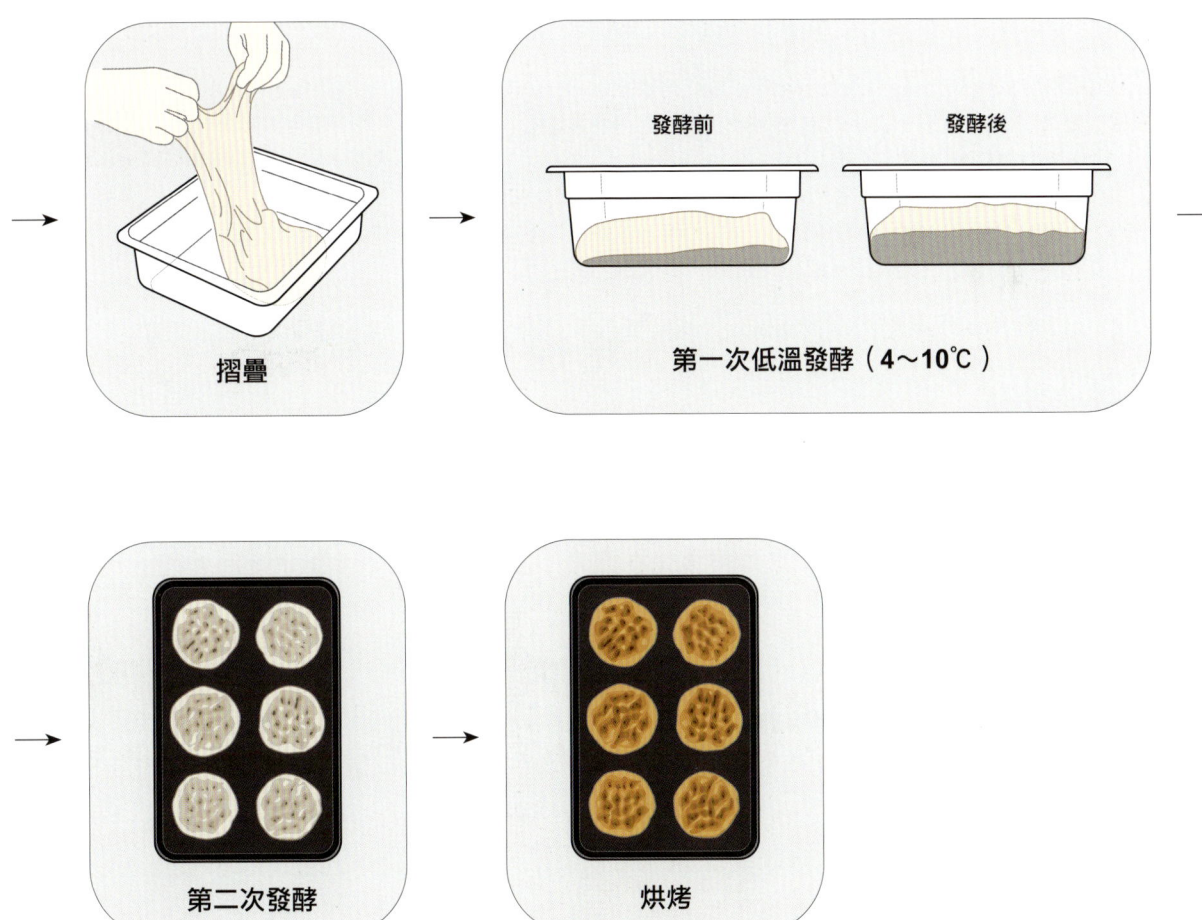

02
各階段的操作重點

❶ 攪拌

麵團攪拌的時間和速度會根據要製作的麵包種類和作法而異。通常來說,以低速進行攪拌時,攪拌得越久,越有助於麵粉和水分進行水合;以高速進行攪拌時,則會加速麵團的氧化、降低小麥風味。為了讓麵筋穩定發展,必須以合宜的速度來攪拌。尤其是不加奶油、蛋和糖的硬式麵包,若要盡可能帶出小麥風味,最好採用低速攪拌。此外,若使用雙臂攪拌機這種類型的機器,便能在低速下有效地形成麵筋,有助於完成更好的麵團。

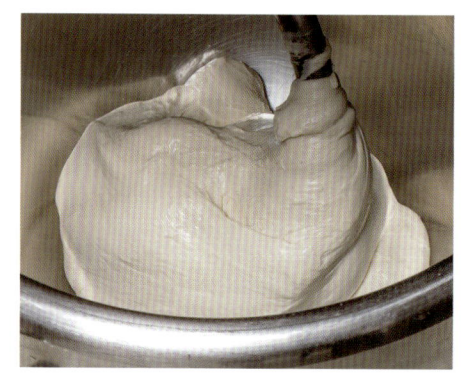

❷ 第一次發酵

完成麵團攪拌後,接著會進行所謂的第一次發酵。本書中提到的發酵主要分為兩種,一種是室溫發酵(25～27℃),另一種是低溫發酵(4～10℃)。由於酵母活性會隨著溫度而改變,因此在第一次低溫發酵時,設定溫度便是最重要的一環。當酵母處於3℃以下時,活性會變低、表現不活躍,但只要高於該溫度,即便是低溫,發酵也會持續進行,因此,在進行低溫發酵的 12～15 個小時裡,溫度是決定麵包風味的重要關鍵。

麵團在進行低溫發酵時,溫度需設定在 4～10℃ 之間,製作時須意識到「發酵在此過程中是一直在進行的」,同時也需要思考「進行低溫發酵前,應在室溫下發酵多久」,因為兩者之間緊密關連。

❸ 摺疊

大部分麵包師在製作硬式麵包時都會摺疊麵團。其目的在於加強麵團彈性，並供給新鮮的氧氣。在發酵過程中，摺疊可以讓處於擴展狀態的麵團重新獲得彈性，尤其是進行長時間發酵的麵團，摺疊可以讓充滿二氧化碳的內部再次補充新鮮的氧氣，有助於之後的發酵。摺疊的次數通常為一至四次（每次會從上、下、左、右四個方向摺疊），次數取決於麵團的種類、酵母使用量以及攪拌程度。

* 關於摺疊的詳細作法請參考 P.33。往外摺與往內摺的差異，請參考兩支影片。

摺疊方法

① 往外摺
主要是在完成麵團攪拌後、正式開始發酵之前進行摺疊的方法。（本書麵團在進入第一次低溫發酵之前會進行此摺疊方法。）尚未發酵的麵團表面和底部都是光滑的，即使將麵團往外摺再發酵，依然能保持光滑的表面。如果是手揉麵團，發酵過程中總共需要摺疊四次，前兩次往外摺，後兩次往內摺，這麼做更有助於麵團保持光滑狀態。

② 往內摺
主要是在麵團完成發酵後進行摺疊的方法。發酵完成的麵團會因為發酵過程中產生的二氧化碳氣泡，在底部形成類似網狀結構的粗糙紋理。若在此狀態下往外摺，底部粗糙面會翻到上面，麵團就難以保持光滑的表面，因此要往內摺，這樣做對於發酵也更有利。（將麵團移到工作檯上，從四邊摺疊後再放回發酵盒裡，也是方法之一。）

---

❹ 分割＆靜置

這是將完成第一次發酵的麵團進行分割、靜置的過程。在本書中，分割主要分兩種，一種是根據所需大小秤重後分割，另一種則是不分割，直接將一大塊麵團置於烤盤上整理好。

如果是根據所需大小秤重後分割，此步驟會在完成第一次發酵後進行，同時為了後續正式整形時更容易塑造形狀，會在分割後進行預整形。分割後的麵團，因為在預整形時，會釋放氣體、產生麵筋，所以必須給麵團一段休息時間，以便再次塑形。如果跳過靜置階段、直接整形，麵團可能會出現撕裂或收縮的情形，如此就難以塑造出理想的形狀。

---

❺ 整形

這是將麵團塑造成理想形狀的必要過程。以基本款佛卡夏為例，其整形步驟是指在麵團表面塗抹橄欖油或放上香草等材料，然後用手指以相同的間隔按壓並進行拉伸。而有時根據形狀需求，會把分割的麵團整形成圓形或三角形。透過這個過程，可以製造出非常自然的氣孔，進而提升口感。此外，也可以塑造出更方便添加配料的形狀。

❻ 第二次發酵

第二次發酵是最需要慎重考慮的階段，因為麵包的最終質地將取決於此。發酵不足的麵團，其密度會過於密實、體積小、口感沉重，麵團顏色也不明亮，烤焙後很難變成理想的產品。反之，發酵過度的麵團則會出現不良的發酵味道或過重的酸味，以及烘烤後塌陷的現象。

因此，第二次發酵得基於各階段的狀況做判斷，不能單憑時間來決定是否開始烘烤。如果第一次發酵不足，就需要延長第
二次發酵的時間；相對地，如果第一次發酵過度，就應該縮短第二次發酵的時間。只要像這樣從頭到尾理解製作流程，並累積處理不同情況的經驗，必定能做出最好的產品。

有些佛卡夏品項不會進行第二次發酵，而是直接進入烘烤階段，這是因為麵團先前已在低溫下進行充分的發酵，即便不經第二次發酵，也能保有彈韌的口感和美妙的發酵香氣。最具代表性的例子就是扁平狀的基本款佛卡夏（參考 P.86）。

❼ 烘烤

烘烤是整個麵包製作過程的終點。但在烘烤過程中，可能會因為小小的失誤，導致到目前為止的所有努力化為烏有，因此不可不慎。烘烤的溫度與時間，基本上會取決於麵包的大小、高度或配方。

舉例來說，如果是體積相對小、重量約 100g 的麵團，應以較高的溫度、較短的時間來烘烤，才能防止水分流失，保留濕潤口感。反之，若是平鋪於大且寬的烤盤
上的麵團，則需以較低的溫度、較長的時間來烘烤。（需要多加留意的是，如果麵團在烤箱內水分幾乎都沒有減少，可能會變成扁平的形狀。）

另外，麵包外皮的口感，會根據烘烤的顏色而有所不同。對於上色程度的偏好則會因人、因地區而異，所以這部分可以自由選擇，烤出你個人喜歡的顏色即可。

詳細了解麵團的摺疊

摺疊是為麵團提供彈性並供給新鮮氧氣的重要階段。本書食譜中，麵團會在進入低溫發酵前，進行一組摺疊（這裡的一組，是指從上、下、左、右各摺一次，共四次）。摺疊的次數可能會依據麵團的種類、酵母使用量以及攪拌程度而改變。

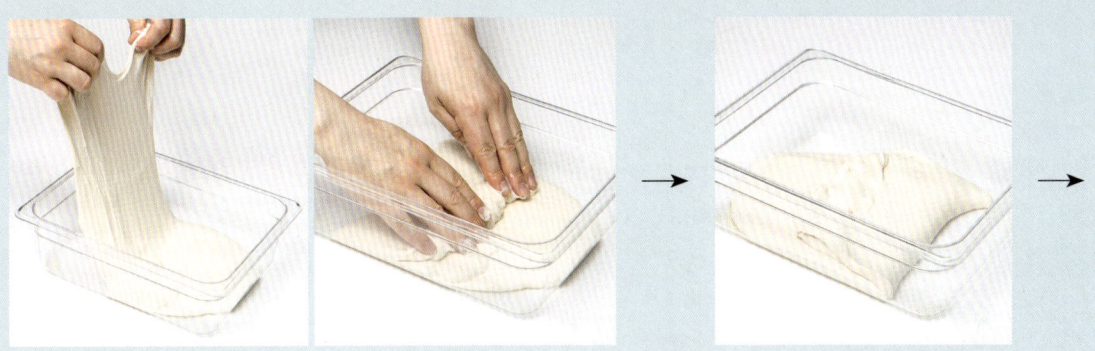

1. 將麵團的下端抬起，向上摺至約 2/3 處。
2. 將發酵盒旋轉 180°。

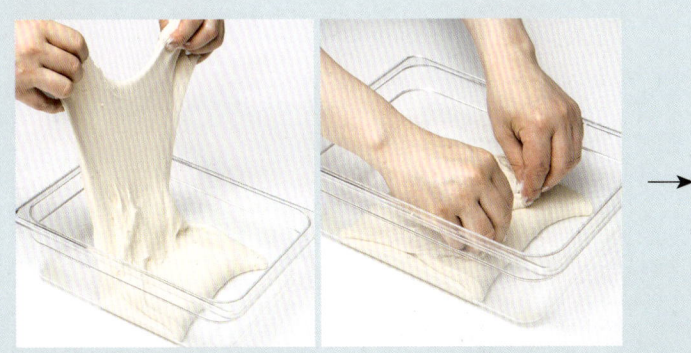

3. 再次將麵團的下端抬起，向上摺至約 2/3 處。

佛卡夏麵團
往外摺

佛卡夏麵團
往內摺

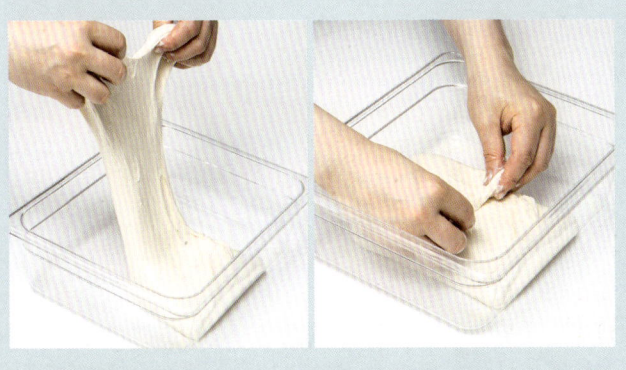

4. 將發酵盒旋轉 90°後，將麵團下端抬起，向上摺至約 2/3 處。
5. 以相同方法再摺一次。
   （將麵團的上、下、左、右邊，各自向中間摺一次）

03
當日發酵生產 VS 低溫發酵生產

當日發酵生產流程

攪拌麵團 ⇒ 第一次發酵① ⇒ 摺疊 ⇒ 第一次發酵② ⇒

置於烤盤 ⇒ 整形 ⇒ 靜置 ⇒ 第二次發酵 ⇒ 烘烤

當日生產的麵包是在室溫（25～27℃）下進行快速發酵，因此，與低溫發酵所產生的濕潤內部組織、長時間發酵所獲得的深厚風味不同，它是以口感柔軟蓬鬆，具有輕盈的內部組織，以及清爽淡雅的味道為特徵。

店鋪採用室溫發酵的原因，可能是對於低溫發酵的理解與技術不足，或者是空間或冷藏設備等環境條件不適合。如果想要在店鋪裡以低溫發酵生產麵包，首先必須具備符合生產條件的基本設備。

低溫發酵生產流程

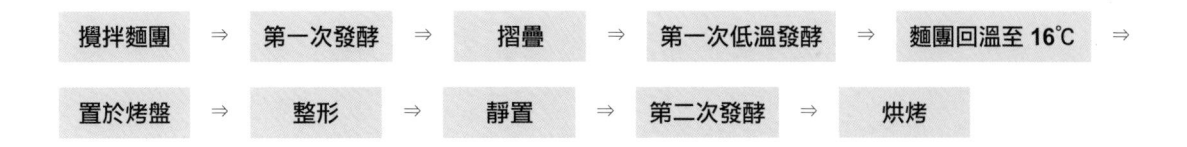

攪拌麵團 ⇒ 第一次發酵 ⇒ 摺疊 ⇒ 第一次低溫發酵 ⇒ 麵團回溫至 16℃ ⇒

置於烤盤 ⇒ 整形 ⇒ 靜置 ⇒ 第二次發酵 ⇒ 烘烤

若要大量生產低溫發酵的麵包，需要具備更充分的經驗和計畫，其考量範圍包括：麵團攪拌完成後達到適當溫度進行摺疊的時機；開始進行低溫發酵的時間點與發酵時間等等。

低溫發酵的特徵在於透過長時間發酵而培育出大量的微生物。由於是在低溫環境下進行，因此可以減少有害細菌、增加乳酸菌，進而產生只有經過長時間發酵才能擁有的獨特風味和香氣。此外，與當日生產的麵包相比，低溫發酵的麵包老化速度更慢，人體食用後更易於消化，並且能夠提高生產效率，可說是具備了諸多優點。

01. 了解低溫發酵　　　　　　　　　　　038

02. 低溫發酵的三種方式
　　① 整塊麵團發酵　　　　　　　　040
　　② 分割麵團發酵　　　　　　　　042
　　③ 整形麵團發酵　　　　　　　　044

03. 低溫發酵失敗的因素和應對方法　　046

04. 如何利用低溫發酵提高生產效率　　048

PART **3**

低溫發酵
的理論

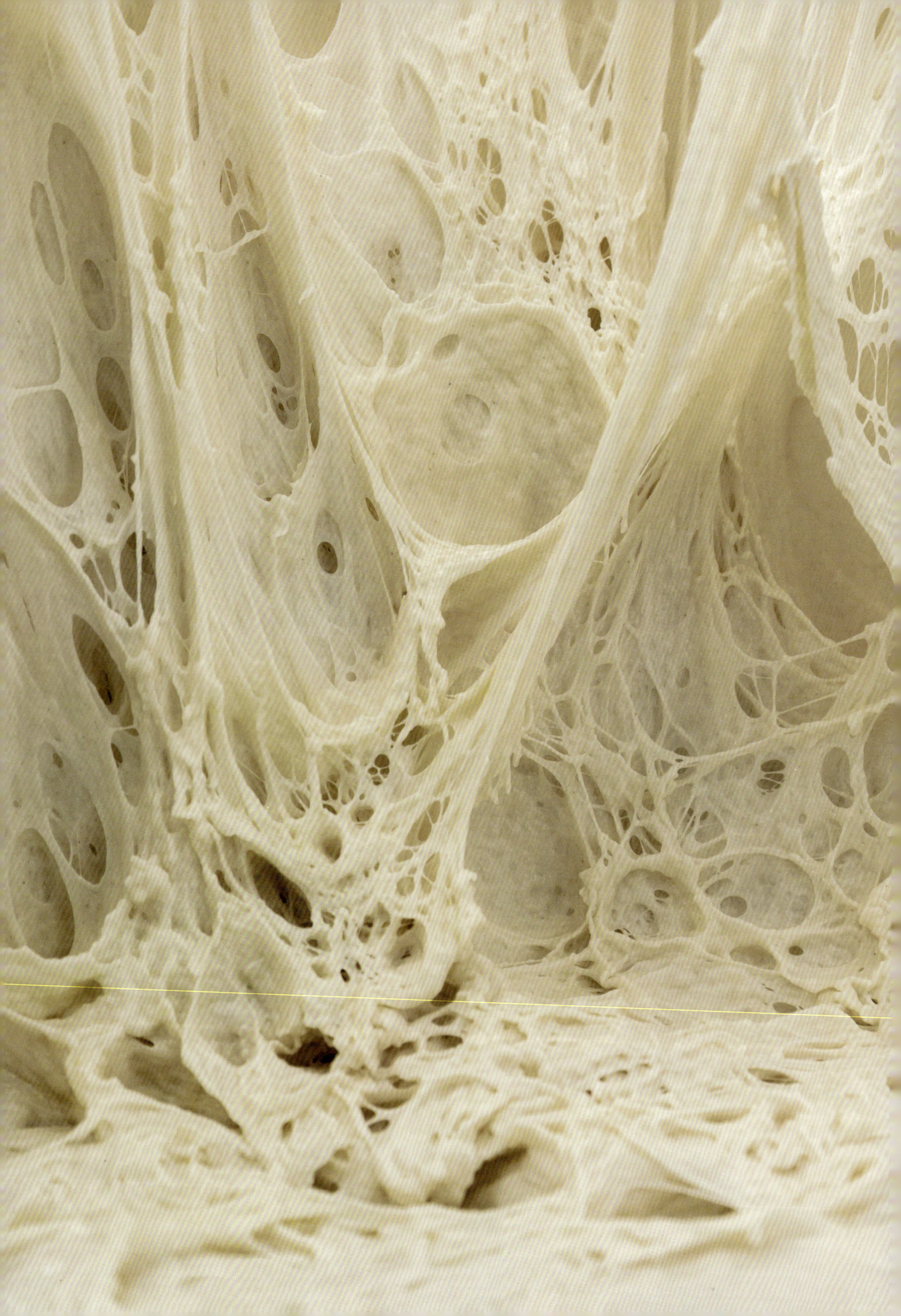

01
了解低溫發酵

在室溫（25~27℃）下的溫暖發酵和低溫（4~10℃）下的冷涼發酵，雖然感覺上有明顯的差異，然而，室溫發酵可以直接透過肉眼確認麵團膨脹的狀態，而且發酵時間比低溫發酵來得短，因此可以在過程中邊檢查邊預測；反之，低溫發酵得在冰箱中進行長達 12~15 小時，所以勢必會需要一些訣竅。這也意味著，若想製作低溫發酵的麵團，我們需要在各自工作環境中，透過反覆的測試和練習來累積經驗。我的情況也差不多如此。

每台冰箱的溫度都不同，即便是同一台，也會隨著麵團擺放的位置或麵團分量，而在 12~15 小時之後，得到不一樣的發酵結果。因此，尤其是在麵包店、餐廳等營業場所，有一件事極為重要，那就是必須使用發酵箱或低溫冰箱來保持麵團發酵的一致性。而關於此事實，我相信，不論是誰都會點頭認同的。

如果是在自己家裡製作麵包的人，選購能隨心所欲調整冷藏溫度的儲酒櫃或孵蛋機（在市面上有時也會以「爬蟲孵蛋機」的名稱出售）等相對便宜的設備來使用，也是相當不錯的方法。但即使沒有這些設備，用一般冰箱進行 4℃ 的低溫發酵，也足以完成麵包的製作。（參考 P.168）

生產麵包的烘焙店早晨往往都忙得不可開交。為了搭配店鋪營業時間，不得不清晨一早就上班，開始揉麵團、等待發酵，然後烘烤出爐。但如果能在前一天下班之前，就揉好麵團並放入冰箱進行低溫發酵，那麼隔天一早的工作就會輕鬆許多。由於麵團已經完成了第一次發酵，就不用在清晨揉麵團，這樣還能減少人力成本，再加上低溫發酵所帶來的風味，最終也會讓麵包擁有更好的口感。

如果是在 8℃，而非 4℃ 下進行低溫發酵會怎麼樣呢？

我個人更偏好在 8℃ 的溫度下進行低溫發酵。這是因為相較於 4℃，酵母在 8℃ 下更為活躍，最後會產生更多的微生物，進而烘烤出更讓人期待的麵包風味。當然，這點難以用科學數據來證明。但這是我作為一名專業麵包師，以多年累積的經驗為憑，並經過身體實際感受、品嘗而獲得的結論。

低溫發酵有哪些好處呢？

通常麵包師會這樣解釋：麵包的內部更有彈性、老化比較慢、人體更容易消化。但為什麼呢？從前述文章中我們已得知，這是源於酵母的作用，發酵過程中生成了各種微生物，麵團也因此產生變化。酵母在發酵過程中會努力食用小麥中的澱粉（這時給予協助的是活性麥芽）。酵母會還原醣類並將其當作能源，產生酒精和酸，而這能量會促使酵母活躍起來。這樣的酵母活動，將產生乳酸菌、澱粉酶、醋酸菌等多種微生物，而這些微生物又會讓麵團更加柔軟，有助於我們吃下麵包後，消化過程更順暢。

02
低溫發酵的三種方式

❶ 整塊麵團發酵（低溫發酵於第一次發酵階段進行）

流程

攪拌 ⇒ 第一次發酵 ⇒ 摺疊 ⇒ 第一次低溫發酵 ⇒

1. 麵團攪拌完成後，裝入與麵團量差不多大的發酵盒中。

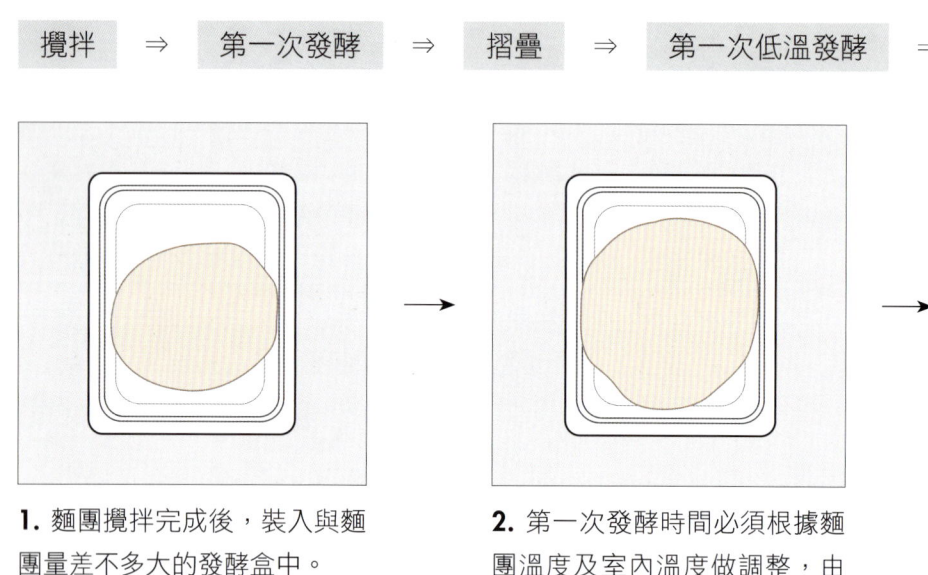

2. 第一次發酵時間必須根據麵團溫度及室內溫度做調整，由於此階段就會決定低溫發酵後的狀態，因此需要慎重地訂出發酵時間。

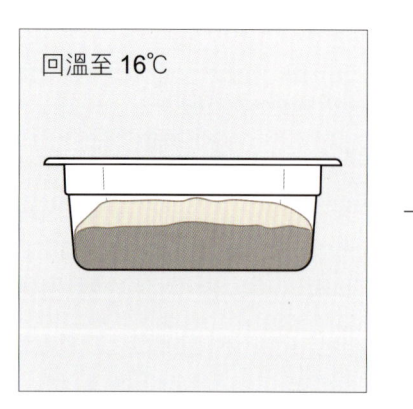

回溫至 16℃

5. 當溫度達到 16℃ 時，酵母會恢復活性，並且當溫度超過這個值時，發酵會變得更活躍，因此建議在此時進行整形。

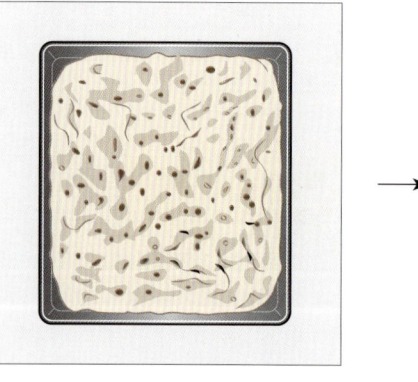

6. 整形完成後的麵團要經過第二次發酵，才能製成更柔軟的麵包。此過程會形成麵包的最終質地。

低溫發酵大致分為 ❶ 整塊麵團發酵、❷ 分割麵團發酵、❸ 整形麵團發酵。
本書食譜主要採用第一種方式，但可以依據各自的工作環境來選擇。

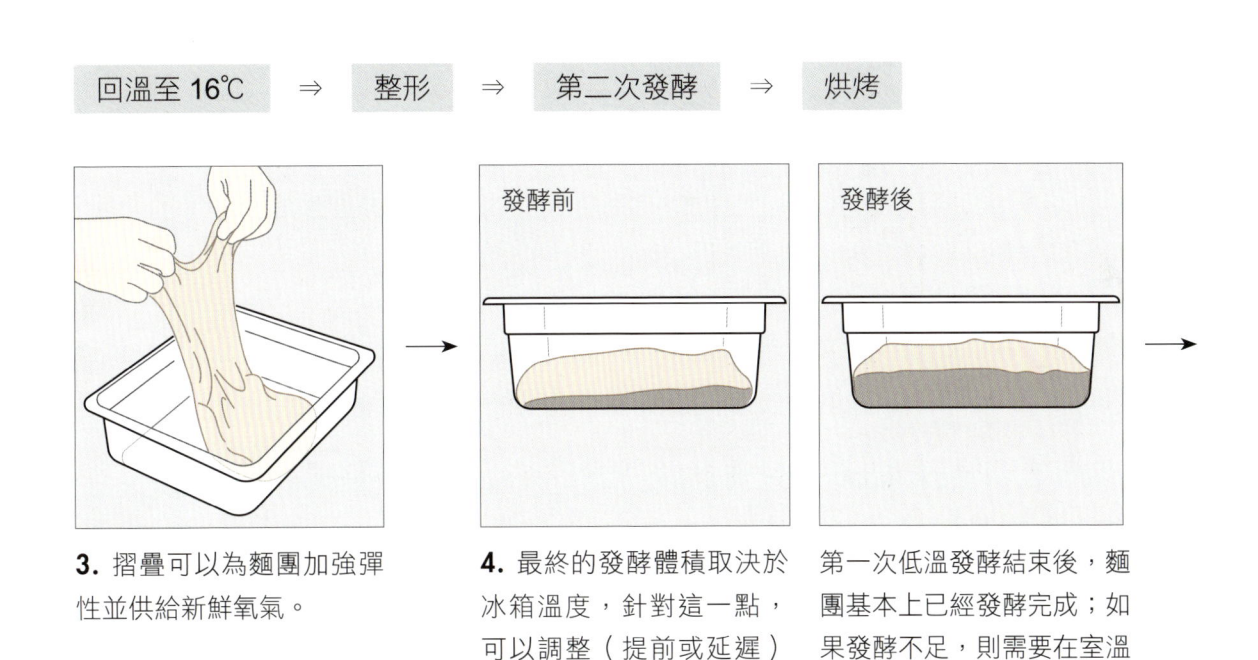

回溫至 16°C ⇒ 整形 ⇒ 第二次發酵 ⇒ 烘烤

3. 摺疊可以為麵團加強彈性並供給新鮮氧氣。

4. 最終的發酵體積取決於冰箱溫度，針對這一點，可以調整（提前或延遲）第一次低溫發酵開始的時間點。

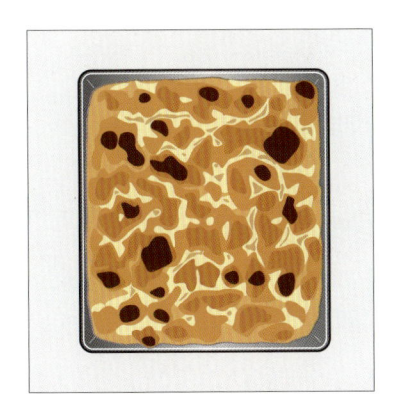

第一次低溫發酵結束後，麵團基本上已經發酵完成；如果發酵不足，則需要在室溫下進一步發酵。

7. 麵團需要在高溫下進行烘烤，以確保有良好的膨脹體積，並盡可能封存內部的水分。這是麵包能長時間保持濕潤的重要步驟。如果是在比較低的溫度下長時間烘烤，最後麵包會往內縮，而且水分會大量流失。

❷ 分割麵團發酵(低溫發酵於第一次發酵階段進行)

流程

攪拌 ⇒ 第一次發酵 ⇒ 摺疊 ⇒ 第一次發酵 ⇒ 分割

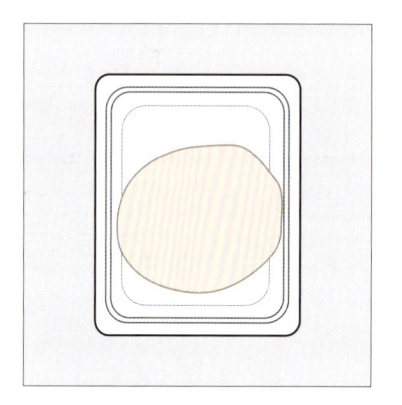

1. 麵團攪拌完成後,裝入與麵團量差不多大的發酵盒中。

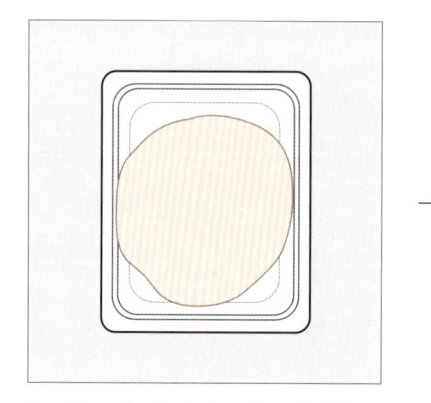

2. 第一次發酵時間必須根據麵團溫度及室內溫度做調整,由於此階段就會決定低溫發酵後的狀態,因此需要慎重地訂出發酵時間。

回溫至 16℃

5. 將結束第一次發酵的麵團分割,並以固定間隔擺放,再開始進行低溫發酵,這樣能快速地藉由低溫維持安定的狀態。

6. 低溫發酵結束後,當溫度達到 16℃ 時,酵母會恢復活性,並且當溫度超過這個值時,發酵會變得更活躍,因此建議在此時進行整形,才會有彈性。

⇒ 第一次低溫發酵 ⇒ 回溫至 16°C ⇒ 整形 ⇒ 第二次發酵 ⇒ 烘烤

發酵前

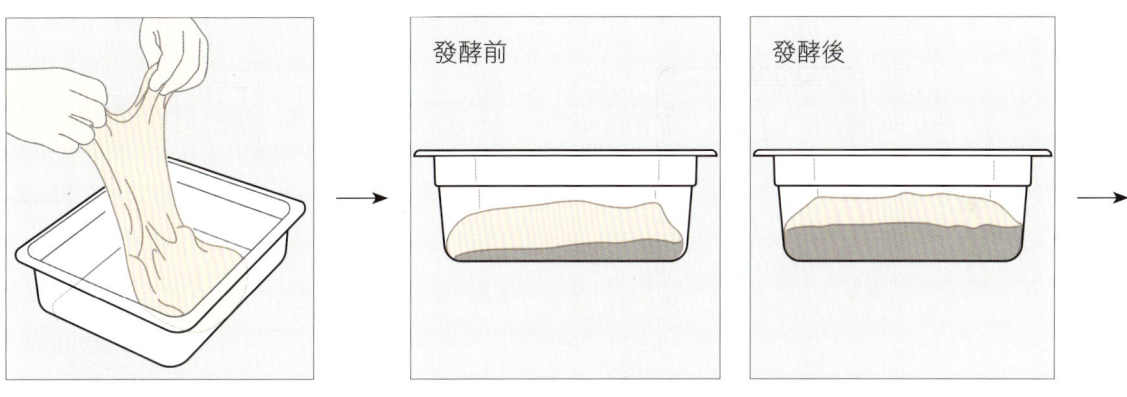

發酵後

3. 摺疊可以為麵團加強彈性並供給新鮮氧氣。

4. 第一次發酵結束後，麵團處於相當膨脹的狀態，如果這時像「❶整塊麵團發酵」那樣直接進入低溫發酵，就會造成發酵過度。

7. 整形完成後的麵團要進行第二次發酵，才能製成更柔軟的麵包。此過程會形成麵包的質地。

8. 麵團需要在高溫下進行烘烤，以確保有良好的膨脹體積，並盡可能封存內部水分。這是麵包能長時間保持濕潤的重要步驟。

❸ 整形麵團發酵（低溫發酵於第二次發酵階段進行）

流程

攪拌 ⇒ 第一次發酵 ⇒ 摺疊 ⇒ 第一次發酵 ⇒

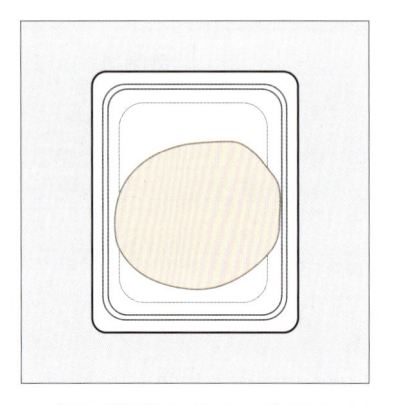

1. 麵團攪拌完成後，裝入與麵團量差不多大的發酵盒中。

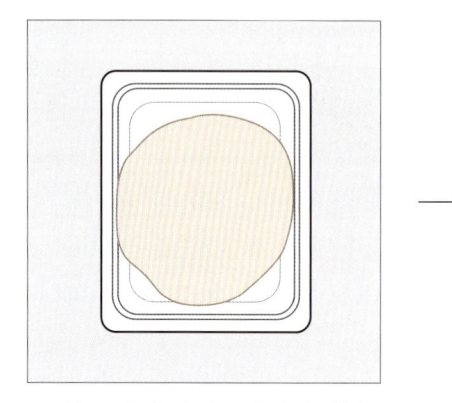

2. 第一次發酵時間必須根據麵團溫度及室內溫度做調整，由於此階段就會決定低溫發酵後的狀態，因此需要慎重地訂出發酵時間。

5. 將結束第一次發酵的麵團進行分割。

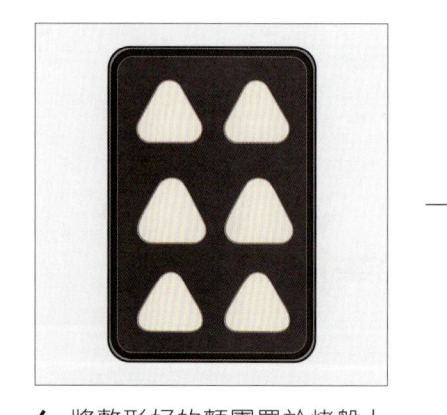

6. 將整形好的麵團置於烤盤上進行低溫發酵，這樣能快速地藉由低溫維持安定的狀態。此時有個重點，那就是要在發酵結束的時間點，設定發酵箱（冰箱）的溫度。

分割　⇒　整形　⇒　第二次低溫發酵　⇒　麵團回溫　⇒　烘烤

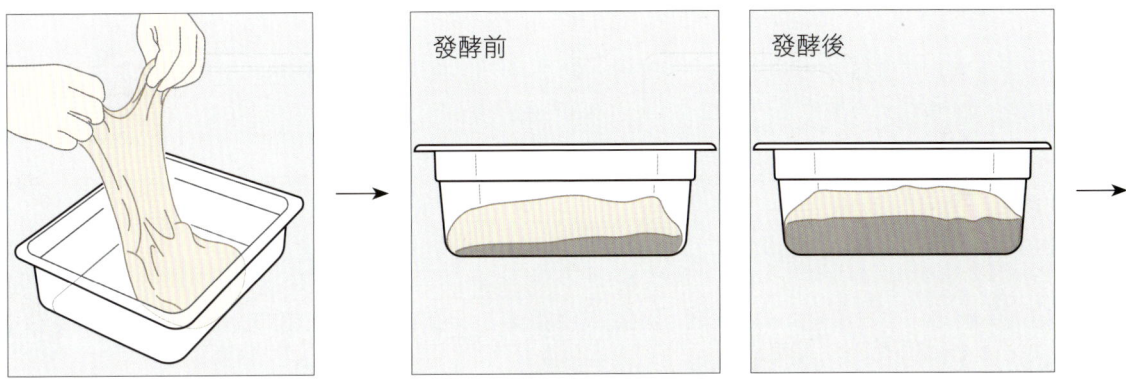

3. 摺疊可以為麵團加強彈性並供給新鮮氧氣。

4. 第一次發酵結束後，麵團處於相當膨脹的狀態，如果這時像「❶整塊麵團發酵」那樣直接進入低溫發酵，就會造成發酵過度。

發酵前　　發酵後

回溫至室溫

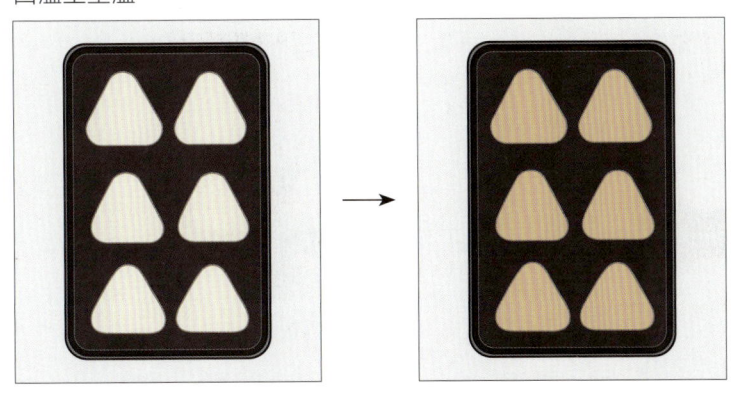

7. 冰冷狀態的麵團需根據種類來決定要立刻烘烤，或讓溫度回升至室溫後再烘烤，以獲得正常的麵包體積和酥脆外皮。

8. 麵團需要在高溫下進行烘烤，以確保有良好的膨脹體積，並盡可能封存內部水分。這是麵包能長時間保持濕潤的重要步驟。

03
低溫發酵
失敗的因素和應對方法

進行發酵時有一項最該注意的重點，那就是「隨著酵母用量，改變摺疊的時間點」。下表是在其他條件相同的情況下，調整酵母用量所帶來的製程變化。

酵母 烘焙百分比	製程	冷藏溫度
0.2%	第一次發酵 150 分鐘（可確認發酵狀態）→ 摺疊 → 低溫發酵開始	4℃
0.4%	第一次發酵 100 分鐘（可確認發酵狀態）→ 摺疊 → 低溫發酵開始	4℃
0.6%	第一次發酵 80 分鐘（可確認發酵狀態）→ 摺疊 → 低溫發酵開始	4℃
1%	第一次發酵 40 分鐘（可確認發酵狀態）→ 摺疊 → 低溫發酵開始	4℃
2%	第一次發酵 20 分鐘（可確認發酵狀態）→ 摺疊 → 低溫發酵開始	4℃

★ 條件：麵團溫度 24℃、第一次發酵溫度 25℃、濕度 75%

如上表所示，隨著酵母用量的多寡，會改變摺疊時機和低溫發酵的開始時間。在相同配方下，增加或減少酵母用量時，必須精準地確認摺疊時間後再開始低溫發酵。如果摺疊時機比所定的時間晚，就會過度發酵，造成麵團中間部分塌陷或麵團癱軟無力。

◆ 錯過摺疊最佳時機的處置方法
① 將麵團移至比既有發酵盒更寬的容器中。
→ 此步驟是要藉由擴大麵團面積，協助快速降溫。
② 放入冷凍庫一下子，讓麵團快速降溫。
③ 再放回低溫（冷藏）開始發酵。
→ 由於麵團在室溫下放太久，發酵作用超出所需程度，因此得快速降低溫度以抑制酵母的活動，最終才得以正常的發酵。

- **麵團回溫的重要性**

完成低溫發酵後，會讓麵團回到室溫再繼續發酵，而如何進行此步驟會左右麵團的最終結果。判斷何時進行整形也相當重要，要是麵團在冰冷的狀態下直接整形，烘烤後的麵包往往品質不佳。因此，在整形前，讓麵團溫度回到 16～18℃ 的過程至關重要。

第一次發酵後的麵團溫度	第一次發酵之後的製程	製品結果
4℃	4℃ 時立即分割 → 放置室溫、回溫至 16～18℃ → 整形 → 第二次發酵	正常
	10℃ 時分割 → 放置室溫、回溫至 16～18℃ → 整形 → 第二次發酵	正常
	16℃ 時分割 → 放置室溫、回溫至 18℃ → 整形 → 第二次發酵	正常

若是在低溫環境、酵母幾乎停止活動的情況下進行分割和整形，麵團會因為突然暴露在溫暖的空間裡，以致結構失去穩定性而變得鬆弛，最終烘烤時內部組織無法充分膨脹，導致麵包口感偏硬。因此我認為第一次低溫發酵後，讓麵團（酵母）回溫是必要的過程。

下表即為在低溫下立刻分割和整形麵團後的烘焙結果。

第一次發酵後的麵團溫度	製程	製品結果
4℃	4℃ 分割 → 靜置 20 分鐘 → 10℃ 整形 → 第二次發酵	不正常

若將低溫發酵後仍處於冰冷狀態的麵團直接整形和烘烤，烤出來的麵包表面會有嚴重的氣泡，並帶有粗糙口感，而且麵包老化速度也會很快。

許多人常忽視的要點之一，就是麵團不經回溫或者僅憑直覺就進入整形步驟。如果技術尚未熟練，務必要精準地檢查麵團溫度、確認麵團的狀態，再進入下一步。

04
如何利用低溫發酵提高生產效率

隨著低溫發酵的溫度設定不同,以致酵母的活動停止或緩慢進行,麵包的內部組織、外皮口感及風味都會產生很大的差異。在此就以佛卡夏為例,來了解其關連性吧!

從下方表格可以得知,第一次發酵是在 25℃ 條件下進行,經過摺疊後再進行低溫發酵,這時麵團的溫度不同,回溫到 16℃ 所需時間以及第二次發酵的時間點也都不同。

只要參考這一點,我們就能「縮短發酵時間」,以更有效率的方式製作麵包。舉例來說,假如目標是要在早晨快速生產麵包,那麼選擇在 10℃ 的低溫下進行發酵,就能縮短製作的總時間。

從下表中我們能夠清楚明白,麵團回溫至 16℃ 的所需時間,就取決於第一次低溫發酵的溫度。

第一次發酵的條件 (以溫度 25℃、濕度 75% 為基準)	第一次低溫發酵的條件	15 小時後的 發酵狀態	回溫至 16℃ 所需時間
發酵 60 分鐘後摺疊	溫度 4℃、濕度 75%	100% 發酵	90 分鐘
發酵 40 分鐘後摺疊	溫度 7℃、濕度 75%	100% 發酵	60 分鐘
發酵 20 分鐘後摺疊	溫度 10℃、濕度 75%	100% 發酵	40 分鐘

如同上方表格所示,低溫發酵的溫度會影響第一次發酵和第二次發酵的時間,因此,這是一項對生產效率有極大幫助的重要技術。

雖然僅以「❶整塊麵團發酵」為例說明,但「❷分割麵團發酵」、「❸整形麵團發酵」都能基於相同原理進行應用(參考 P.40~45)。因此,只要充分學會這種方法,商家便能在清晨,以更方便且快速的方式,向消費者提供新鮮美味的麵包。

◆ **隨著溫度改變的麵團發酵(成長)狀態**

右圖為所有條件皆相同,但低溫發酵的溫度分別設定成 4℃ 及 8℃ 時,麵團發酵狀態的比較。以結果來說,低溫發酵時的溫度越高,麵團就會發酵得越快(膨脹得越高)。只要懂得善用這一點,就能規劃出最佳的麵包製程時間表。

4℃　　　　8℃

"
佛卡夏麵團經過 12～15 小時的低溫發酵，
然後回溫至 16℃ 之後，
此時擁有了濃厚且多層次的發酵香氣。
若把發酵盒內的麵團翻至背面便會看見，
充分發酵過的麵團才具有的網狀結構。
"

FOCA

01.	麵粉	052
02.	酵母	058
03.	水	060
04.	麥芽	062
05.	橄欖油	064
06.	烤箱	066
07.	攪拌機	068
08.	發酵箱	070
*	佛卡夏製作 Q & A	072

CCIA

PART **4**

材料和工具

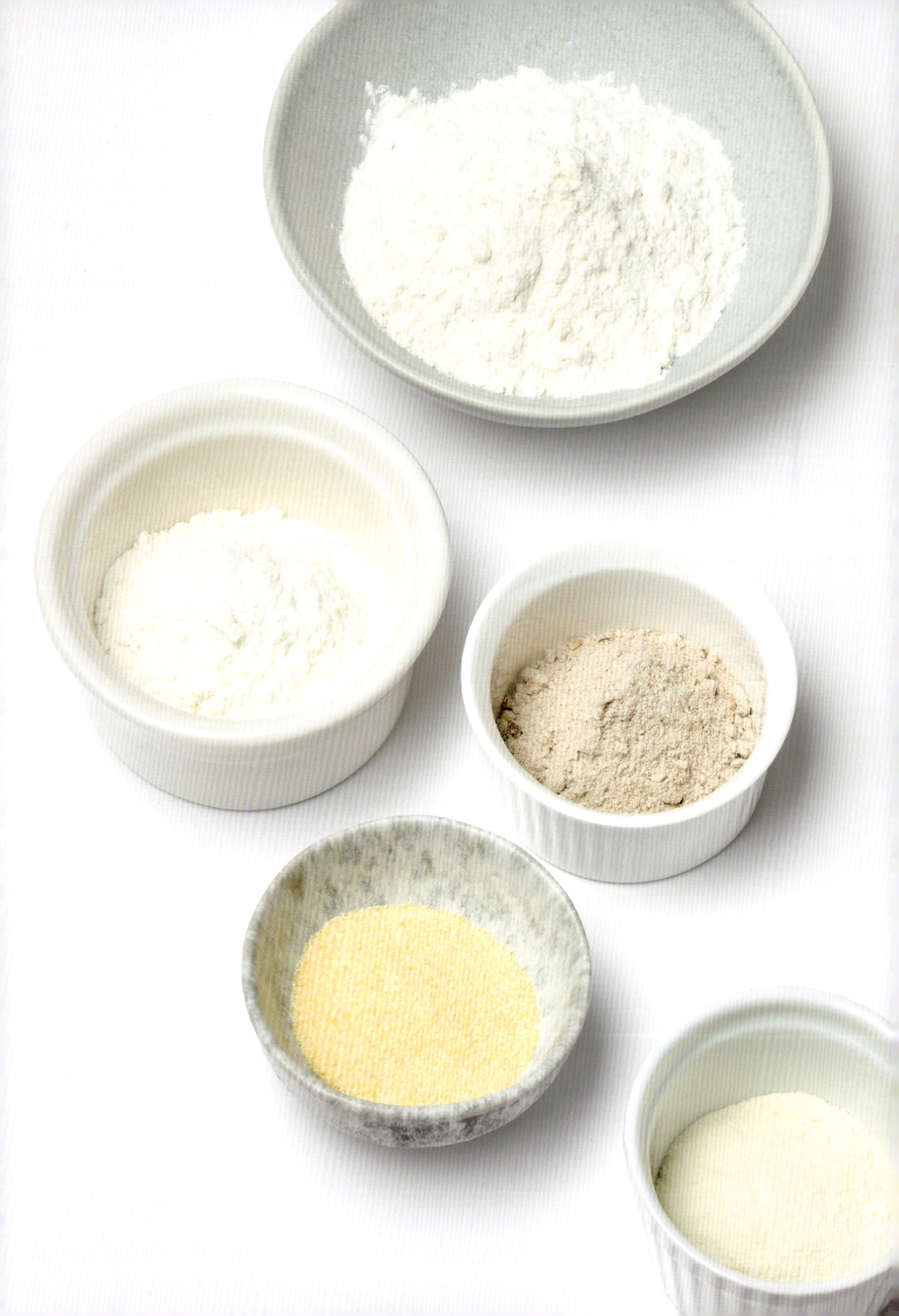

01
麵粉

高筋麵粉

本書食譜使用的是大象高筋麵粉（大韓製粉株式會社的產品）。

高筋麵粉是製作麵包時最常使用的麵粉，主要用於牛奶吐司、布里歐等麵包類。

在選用何種麵粉製作麵包時，其蛋白質和灰分含量往往會被視為基準。一般高筋麵粉的蛋白質含量約為 11～13.5%。而 T55 這種灰分含量高的麵粉，蛋白質含量約為 11%，可視為中高筋麵粉，適合用來製作想要呈現柔軟外皮和口感的硬式麵包。

即使同樣是高筋麵粉，不同的品牌和產品之間，蛋白質及灰分含量也不同，因此烘焙者的選擇將影響麵包的最終味道和口感。

中筋麵粉

本書食譜使用的是 Qone 中筋麵粉（1 等級，韓國三養食品的產品）。

中筋麵粉的蛋白質含量約為 8～11%，比高筋麵粉低。眾所周知，中筋麵粉主要用於製作麵條、饅頭等等。

然而，在製作麵包或開發食譜的過程中，有時也可能運用到中筋麵粉。例如我在法國進修期間，在一場傳統麵包研討會上看到大家都用 T55 麵粉製作麵包，於是回國後，我便嘗試使用容易取得的中筋麵粉進行食譜測試，最後成功做出免揉麵包和法式長棍麵包。

由此可知，根據所追求的麵包口感或質地，我們也可以將中筋麵粉加入麵團中使用。

低筋麵粉

本書食譜使用的是 Qone 低筋麵粉（韓國三養食品的產品）。

低筋麵粉的蛋白質含量約為 6～8%，是麵粉中最低的，主要用於蛋糕、餅乾等糕點領域。不過，當我想讓麵包有更柔軟的口感，或者減少麵包收縮現象時，便會混合少量低筋麵粉與高筋麵粉使用。在這裡，低筋麵粉用量是相對於高筋麵粉的 10～20%，其麵包組織會變得較柔軟，咀嚼時口感不會太韌，能更輕易咬斷。

特高筋麵粉 & 營養強化麵粉

本書食譜使用的是加拿大 ROGERS 的 SILVER STAR 麵粉。

特高筋麵粉按照字面意思來看，是一種麵筋強度高的麵粉。它的蛋白質含量為13.5%以上，高於一般高筋麵粉（11～13.5%）。

營養強化麵粉則是添加了菸鹼酸、維生素 C、鐵質、硝酸鹽、維生素 B₁、葉酸、α-澱粉酶（非細菌性）等成分來製成的麵粉。因為麵粉中補充了許多營養，所以麵筋強度會比普通麵粉更強，就像添加改良劑一樣，越發酵越有彈性。由於麵筋強度強，所以主要用來製作堅韌的麵包。不過，如果能掌握其特性後加以利用，就可以做出各種質地（在這種情況下，充分添加水分至關重要）。

做麵包時，務必考慮清楚想呈現的組織、口感、體積等，再來選擇麵粉，與此同時，也要控制水分的量並進行測試。

只要熟悉特高筋麵粉和營養強化麵粉的特色，使用後就能得到理想的成品。可是，若在沒能掌握住特色的情況下，以跟一般高筋麵粉同樣的配方來製作，可能就會出現難以預料或失敗的成果。

假設我們現在要製作法式長棍麵包，請一邊思考一邊比較看看。

麵粉	成分	水分	口感
高筋麵粉	小麥 100%	70%	一般
特高筋麵粉（SILVER STAR）	小麥＋營養強化成分	85～90%	具有彈性

使用麵粉之前確認成分標示也相當重要。充分利用營養強化麵粉的特性，再添加足夠的水分，就能做出質地濕潤又有彈性的麵包。

法國麵粉（T65）

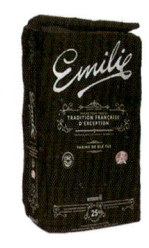

本書食譜使用的是法國 Minoterie Girardeau 的 T65 紅標傳統麵粉。

法國是以灰分含量來區分麵粉種類，而有 T65、T55、T45 等等之分。T 指的是 Type，數字 65 代表灰分含量，T65 就是指灰分含量為 0.65%的麵粉。

本書食譜中使用了能展現香醇風味和輕盈口感的麵粉，有時還會使用混入少量麥芽的麵粉。如果使用添加了維生素 C 的麵粉，麵團發酵後會產生更強的彈性，請務必認知到這一點後再使用。

杜蘭小麥與粗粒小麥粉

杜蘭小麥是小麥的一種品種，主要用於製作義大利麵，蛋白質含量為 11～14%左右。根據製粉方式會分為細粒、中粒、粗粒，用途各不相同。

披薩麵團通常會使用磨成中等顆粒的杜蘭小麥，這種經過研磨的小麥被稱為「粗粒小麥粉（Semolina）」。粗粒小麥粉不僅能用來製作披薩麵團，還因為小麥堅硬的特性而常被當作手粉。作為手粉時，烤出爐後，沾在外層的粗粒小麥粉也能增添香氣。

如果將粗粒小麥粉以麵粉的 20～30%比例添加在佛卡夏或法式長棍麵包的麵團中，便能賦予麵包有咀嚼的口感和香醇風味。此外，以硬質小麥製成的粗粒小麥粉，消化速度較慢、升糖指數低*，有助於穩定血糖。

* 所謂「升糖指數」（GI：Glycemic Index）是指用數值顯示攝取食品後血糖的上升率。升糖指數高的食物，會因為碳水化合物迅速分解，造成血糖快速上升；升糖指數低的食物則會慢慢地分解，因此血糖上升的速度較緩慢。

本書食譜使用的是義大利卡普托（CAPUTO）的粗粒小麥粉。

徹底熟悉各種麵粉後再製作麵包，就能呈現出多種味道和口感。如今，不論是本土或國外的麵粉，種類都比以前多，也更容易取得。所以只要掌握住麵粉的基本特性，便能盡情地做出自己預想的麵包。這裡我想分享在執筆過程中，我是如何使用麵粉以及帶著何種想法來設計食譜。原則上，我會先選擇麵粉的風味，再決定麵包的質地。

① 選擇麵粉的風味
麵粉就如同我們每天吃的米飯，會因不同產地而有不同風味與口感。它們可能來自美國、加拿大、澳洲、土耳其、日本等不同小麥產區，但即便是相同產區內，也有不同的製粉公司，所以麵粉相當多樣化。為了做出理想中的麵包風味和口感，我們應慎重選擇能呈現其面貌的麵粉並適當地混用。

② 決定麵包的質地
麵包的質地是由多種因素相互影響而構成。例如，酵母的使用量會決定麵團發酵時間，進而改變麵包的組織。另外，添加改良劑的麵團，也會讓麵包變硬或產生彈性。

但基本上，我們最該重視的還是麵粉具備的「麵筋強度」。無其他添加物的高筋麵粉（100%小麥），與營養強化麵粉或特高筋麵粉相比，筋度就相對較弱（但還是取決於蛋白質的含量）。

如果有想嘗試製作的麵包，建議先做好計畫，並用蛋白質含量在 11～16%之間的麵粉來調整，便能完成多樣化的麵包。

義大利麵粉

• 義大利麵粉的分類

義大利麵粉以「00」、「0」、「1」、「2」等做分類，分類標準來自傳統上小麥高溫燃燒後殘留的物質（稱為「灰分」，即礦物質等無機物）含量。

00：灰分含量 0.55%
0：灰分含量 0.55～0.65%
1：灰分含量 0.65～0.80%
2：灰分含量 0.80～0.95%
* 灰分含量為 1.30～1.70%的是全麥。

FORTE
STRONG
TIPO 00
W 330
P/L 0.60

本書食譜使用的是義大利 Molino Dallagiovanna 的佛卡夏專用麵粉（far focaccia）。

除此之外，也可以用 Caputo 的產品取代，建議使用 Saccorosso 及 Pizzeria 兩款麵粉；按配方攪拌麵團時，使用的水量差不多，只需視情況稍微調整即可。

• 包裝資訊欄上註明的 W、P/L 含義

W：表示麵粉強度。數字越大，麵團的力量（麵筋強度）越強。例如，W390 比 W320 的筋度更強，因此更適合用於製作布里歐系列或義大利水果麵包等高糖油麵包。W 值代表麵粉在揉製過程中吸收液體，並在膨脹的同時保留二氧化碳的能力，而這種能力取決於其成分含量，特別是組成麵筋的關鍵蛋白質——麥醇溶蛋白（gliadin）與麥穀蛋白（glutenin）的含量。

---

* **可代替的麵粉**
W280＝可用中筋麵粉來代替
W300＝可依中筋麵粉 8：高筋麵粉 2 的比例來代替
W320＝可依中筋麵粉 4：高筋麵粉 6 的比例來代替
W360～W390＝可視作高筋麵粉至特高筋麵粉等級，可用蛋白質含量為 12～15.5%的一般高筋麵粉或特高筋麵粉來代替。

P：表示韌性（按壓麵團後會再次恢復的性質）。
L：表示延展性（麵團拉伸的性質）。例如，使用延展性好的麵粉製作披薩麵團，就能得到可輕易拉長的理想結果。

P/L 即麵粉的韌性和延展性的比值，通常會與表示強度的 W 值一起考量，能夠更準確地描述麵粉特性。P/L 值的平均範圍為 0.4 至 0.6。P/L 值高的麵粉有著高韌性、低延展性的性質；P/L 值低的麵粉則具有低韌性、高延展性的性質。

用其他麵粉代替時的注意事項

麵粉是製作麵包的最基本材料，也是占比最高的材料。因此，一旦更換配方中原先使用的麵粉，味道和口感理所當然地會改變。本書食譜使用的是佛卡夏專用麵粉（詳見 P.56 說明），若需要用其他麵粉來代替時，請慎重考慮以下事項並進行測試。

① 確認麵粉的含水量

相較於韓國製的高筋麵粉，佛卡夏專用麵粉的吸水率較差，但卻能做出帶有彈性的麵團質地，也有著不一樣的延展性，因此須充分考慮這一點再調整配方。

例 佛卡夏專用麵粉 1000g → 高筋麵粉 800g＋中筋麵粉 200g

更換麵粉時，最該著重於「調節水」的用量。在這種情況下，應將配方中的水分減去 10%，並以低速進行攪拌，然後一邊攪拌一邊確認麵團狀態。其餘 10% 的水就作為調節使用，按照麵團情況添加，這樣才是不易失敗的做法。

② 確認麵粉的麩質（蛋白質）含量

每種麵粉的蛋白質含量各不相同。尤其義大利麵粉，其 W 值和 P/L 值具有重要意義，製作麵包前務必參考這些數據。相較之下，一般的高筋麵粉是根據蛋白質含量來推估麵筋強度。但在揉麵過程中，約莫攪拌中段時便會感受到上述兩種麵團的力量不一樣，這是因為麵粉本身的特性相異。所以如果更換了麵粉，在風味、口感以及彈性上就會有不同的表現。因此，在調整麵團的含水量時，最好是在攪拌至 70%以上後，再決定水分的增減。

我在寫這本書時，測試了無數種麵粉並不斷修正配方，最終才為每個品項設計出最佳的食譜。當然，味道和口感並沒有所謂的正確答案，但我可以自豪地保證，以這段時間的經驗為基礎完成的食譜，絕對能讓大部分人吃得津津有味。

本書裡所選用的義大利麵粉，同樣是經過各廠牌產品比較和測試之後挑選出來的，最終深得我心的是 Molino Dallagiovanna 公司生產的佛卡夏專用麵粉（far focaccia）。它能長時間維持麵包外層的酥脆度，具有濃厚的小麥風味，口感也更有嚼勁。使用這款麵粉來製作，便能成功實現我心目中最理想的佛卡夏。

低糖油麵團用紅裝酵母

高糖油麵團用金裝酵母

* 本書食譜皆使用法國燕子牌（saf）的半乾酵母。

02
酵母

本書食譜不使用天然酵母（即天然發酵種，由自然界中存在的酵母培養而成），而是使用商業酵母中的「半乾酵母」。

商業酵母的種類

新鮮酵母（濕性酵母）
- 含水量約 70%，是目前易取得的商業酵母中含水量最高的酵母。
- 呈塊狀。有明顯的酵母特有風味。
- 可用來製作高糖油麵包（Rich Bread）和低糖油麵包（Lean Bread）。
- 須置於冷藏保存，並於 30 天內使用完畢。
- 不建議一整塊直接使用，最好切小塊；如果事先泡在溫水再使用，發酵力會更好。

即溶乾酵母（速發乾酵母）
- 含水量約 5%的乾燥酵母。
- 呈粉狀，可以直接加入麵粉中混合使用。
- 若是未開封狀態，可以保存二年；開封後可冷藏或冷凍保存三個月。
- 開封後須儘快使用，每次使用完都要密封保存，防止空氣進入。
（燕子牌建議開封後一週內使用完畢）
- 如果不常做麵包，建議選購小包裝產品。

半乾酵母
- 含水量約 25%的乾燥酵母。
- 呈粉狀，可以直接加入麵粉中混合使用；亦可與冰水或冷水攪拌。
- 開封前可置於冷藏保存二年；開封後務必置於冷凍庫保存（開封後的有效期限為一年）。
- 新鮮酵母與半乾酵母的替代比例為「新鮮酵母 1：半乾酵母 0.4～0.5」。

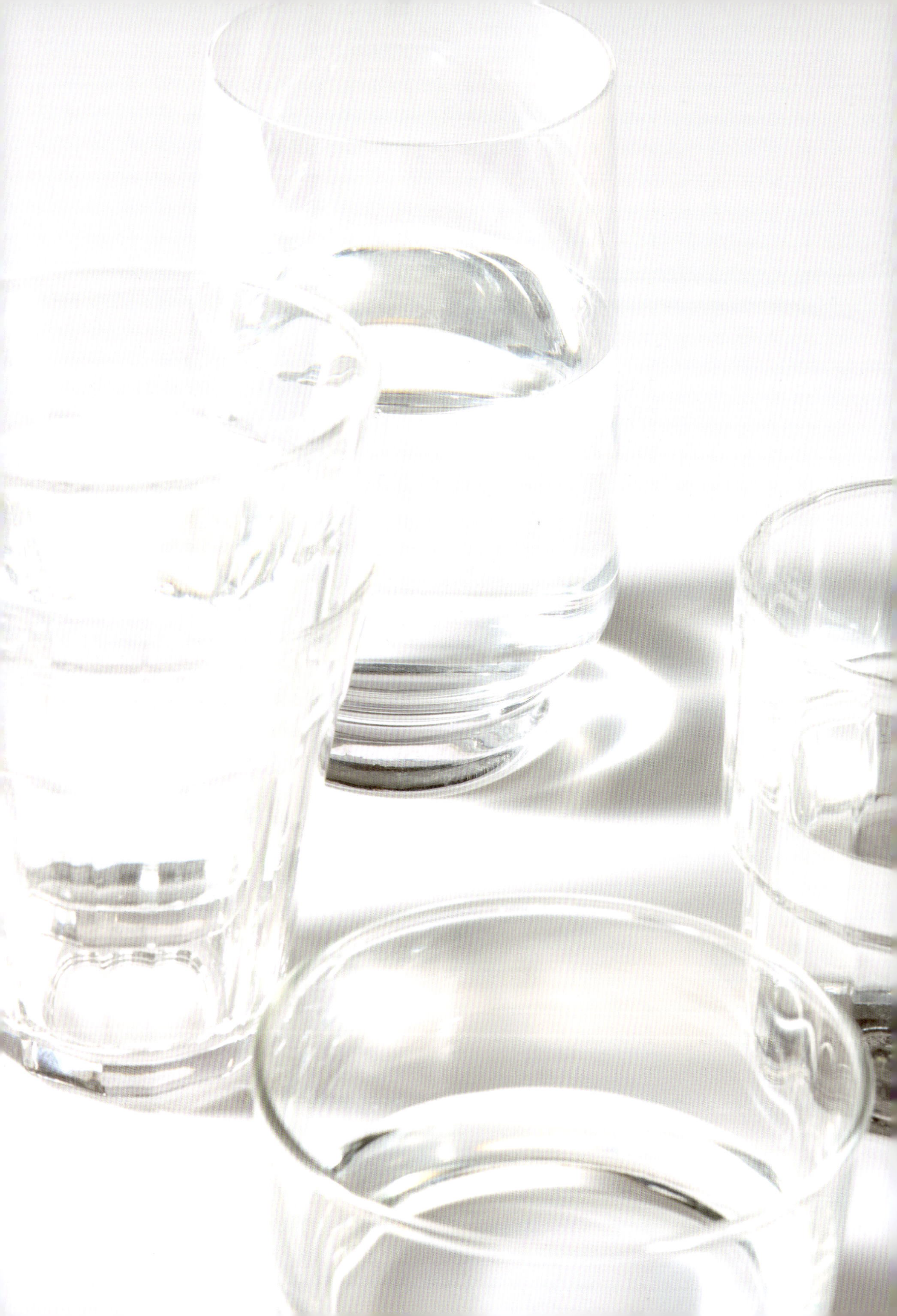

03
水

水是製作麵包最重要的材料之一。因為水會影響麵團的力量，隨著使用的水的差異，麵團的筋度、延展性等都會有所不同。

我曾經協助過一家烘焙店，他們使用的是地下水，攪拌過程相對辛苦。透過那次經驗我了解到，使用礦物質含量較高的硬水（如地下水），會強化麵團的麩質結構，並提升吸水率。

水根據鈣、鎂離子含量，分為硬水、軟水、酸性水、鹼性水。製作麵包時一般使用自來水，自來水屬於軟水，硬度小於 100mg/L（pH 值一般在 7.0～7.5 左右，不同地區可能會有±1 的差異）。自來水會比地下水更適合拿來做麵包。如果使用幾乎不含礦物質的純淨水，麵團的延展性不足，可能會呈現坍塌無力的狀態。因此，水是需要慎重選擇的材料之一。

法國自來水是含有石灰質的硬水，具有讓麵團快速產生彈性、增強韌性的特徵。製作法式長棍麵包時，就算只加麵粉和水並以低速攪拌，也能均勻完成，亦是出於同樣理由。相反地，若是使用軟水，攪拌時間就會延長。

* 本書食譜使用的麥芽精為日本丸菱公司的產品。

04
麥芽

麥芽（malt）指的是大麥、豆類等穀物經過水分、溫度、氧氣等作用而發芽後的加工產物。發芽過程會產生大量的澱粉酶，使穀物中的澱粉糖化，從而更易於發酵。因此，在製作歐式麵包等時，經常會加入由發芽大麥加工製成糖漿狀的「麥芽精」。

需要注意的是，根據麥芽是活性還是非活性，將會影響麵團的發酵速度。非活性麥芽可以改善麵包的烘烤顏色，也能成為酵母的食物，以提高酵母活性。活性麥芽則會糖化澱粉，使發酵變得更加容易。

佛卡夏或法式長棍麵包這類不含糖分的麵包，需要藉由添加麥芽來提供養分，進而形成良好的發酵狀態。

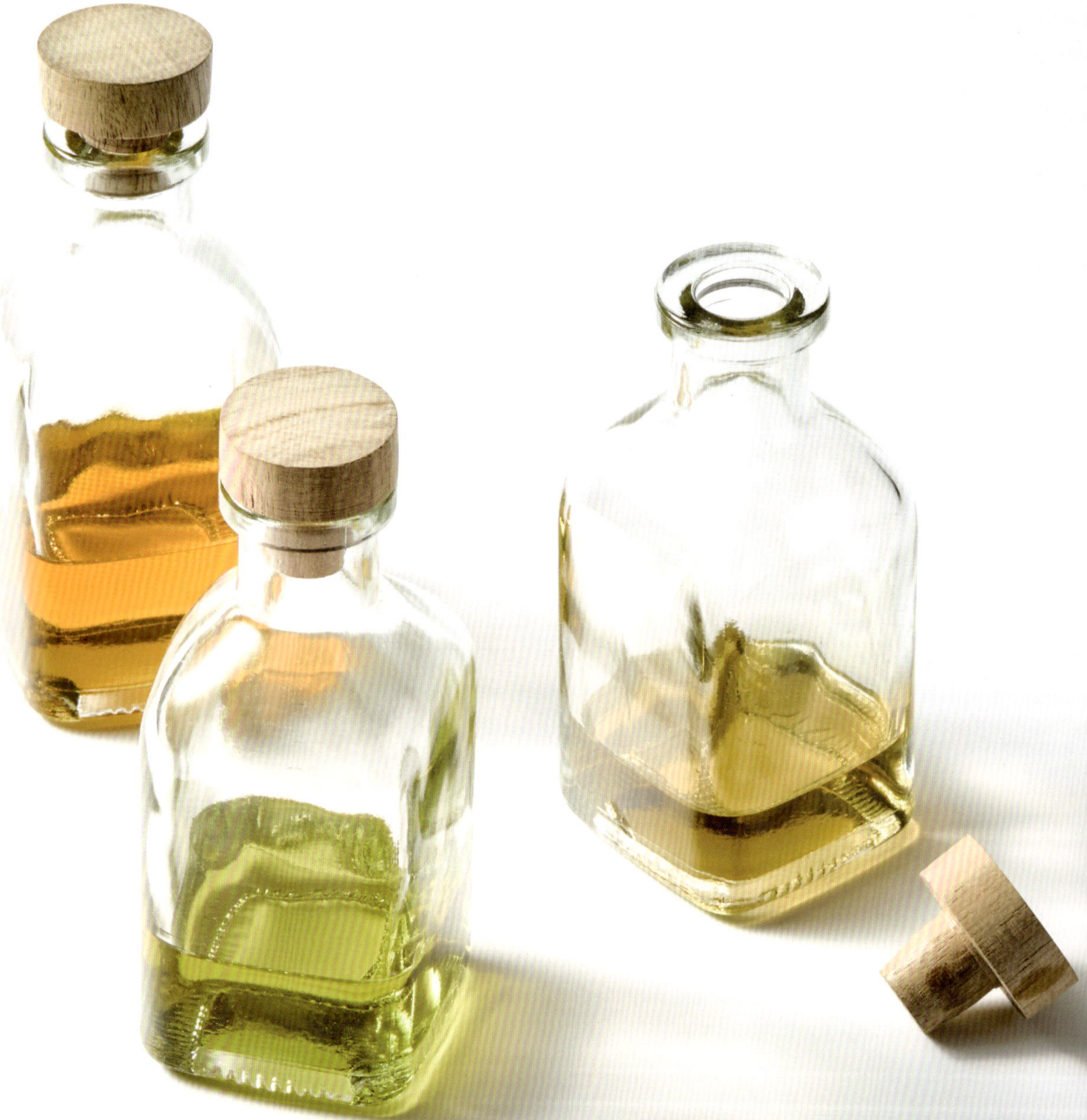

05
橄欖油

橄欖油是義大利麵包中不可或缺的關鍵材料。每家烘焙店選用的橄欖油種類皆不同，有些店會優先考慮麵包口感，有些店則重視成本。對我來說，橄欖油的味道和香氣則是首要考量，所以我使用特級初榨橄欖油；若需兼顧成本，也可在特級初榨等級中選擇價位合理的產品。

我認為昂貴的產品未必能創造出最好的品質。但只要是具有濃郁橄欖香氣的初榨冷壓油品，一定能為麵包增添出色的風味。我個人的建議是，如果想做出品質優良的義大利麵包，應使用沒有經過精煉的橄欖油。

橄欖油的種類

特級初榨橄欖油（Extra virgin olive oil）
未經加熱處理，亦無添加任何添加劑，而是純粹將橄欖榨取製成的油品。主要用於沙拉醬、醬汁或直接沾麵包食用。由於是最初榨出的油，所以呈天然的綠色。每種產品的風味都略有不同，有的橄欖香氣濃厚，有的則略帶苦味。

中味橄欖油（Pure olive oil）
將特級初榨橄欖油與精製橄欖油混合製成，口感風味不如特級初榨橄欖油。發煙點高，也可拿來油炸。由於是精煉過的油，所以呈透明的黃色。

橄欖果渣油（Olive pomace oil）
將橄欖果渣經加熱處理後，再進行二次榨取得到的精製油。完全感受不出橄欖的風味，色澤與一般食用油相似。它只適合拿來油炸，不適合用在烘焙製品上。如果把橄欖果渣油加入佛卡夏麵團來製作，雖然烤出來的麵包軟硬度相似，但在味道和風味上卻有顯著差異。

06
烤箱

本書食譜使用的是營業用「歐式層次烤箱」，可以調整上下火，並具蒸汽功能。此外，也會提供旋風烤箱，或是沒有蒸汽功能的替代方式。但由於各烤箱特性不一，無論營業用或是家用，溫度和時間還是需要實際測試調整才能準確。

歐式層次烤箱

以重心放在下火（底火）為特徵。歐式麵包通常又大又重，所以會像火爐一樣在底下鋪石頭加熱一陣子，再放入發酵過的麵團，快速引發烘焙漲力，讓麵包體積膨大、內部結構變得蓬鬆，形成良好的形狀和口感。如果再加上蒸汽，便可提高烤箱內的濕度和溫度，除了防止麵包表面乾燥，還能獲得更好的膨度。

旋風烤箱

不同於用加熱管來烘烤的歐式烤箱，旋風烤箱是用熱風進行烘烤。由於熱風會先烘乾麵包最上層，因此會出現正好與歐式烤箱相反的現象（歐式烤箱的加熱管分布於烤箱底部與頂部，所以麵包的底層會先被烘乾）。如果你曾經使用旋風烤箱來烤法式長棍麵包，那麼可能經歷過麵包從側邊裂開的情況。

使用旋風烤箱烘烤歐式麵包時，可以先將烤箱用的石板或壓鑄烤盤放入烤箱中充分預熱，使其升溫，再將麵團放在上面烘烤，這樣就能完成美味的麵包（歐洲家庭經常使用此方法）。

此外，如果烤箱不具蒸汽功能，也可以使用噴霧器，或者將熱水倒在燒熱的麥飯石上製造蒸汽，如此一來，像佛卡夏這種有輕盈質地的麵團，也能在短時間迅速膨脹。

由於佛卡夏麵團上通常會塗抹橄欖油或擺放各式各樣配料，所以即使是在旋風烤箱中，麵包的上層也不容易被烤乾，而且也不會受到烘焙漲力太大的影響，因此可以獲得良好的成品。

---

* 為什麼需要加入蒸汽呢？
如果在又熱又乾的烤箱裡用蒸汽方式添加水分，就會轉為又熱又濕的狀態。將麵團放入充滿濕氣的烤箱中，麵團表面就不會乾燥，也有助於麵團膨脹以及提高烘焙漲力。不過，如果加入的蒸汽過多，反而會讓麵包變硬，失去良好的上色效果，這點需多加注意。

* 不具蒸汽功能的烤箱，人為賦予蒸汽效果的方法
烘焙店大多使用具有蒸汽功能的烤箱，但是一般家庭使用的旋風烤箱往往不具蒸汽功能。在這種情況下，可以下述方法來取代蒸汽功能。

① 使用麥飯石
將麥飯石烤盤置於烤箱底部，設定最高溫度充分預熱，接著放入麵團，並將一杯左右熱水倒在滾燙的麥飯石上，人為製造蒸汽。此方法可說是眾多方法中最有效的一個。由於變熱的麥飯石能夠長時間保持熱度，即使倒入水，溫度也不容易下降，因此有助於麵包上色和膨脹。但是，突然在熱石頭上倒水，石頭可能會裂開或者變成碎片噴濺，請小心操作。

② 使用噴霧器
將烤箱設為最高溫度後進行預熱，然後放入麵團，並用裝有熱水的噴霧器對麵團均勻地噴灑。此時，水會因烤箱內部的熱氣而變成蒸汽。用噴霧器比用麥飯石的方法更難維持溫度，因此麵包的上色或膨脹的速度並不快，但比起完全不使用蒸汽，還是能做出更好的成品。

* 具有蒸汽功能的家用旋風烤箱，正確發揮效果的做法
通常家用旋風烤箱是以百分比（%）來設定蒸汽功能。如果不熟悉使用方法，反而會因為溫度過低，導致麵包的上色和膨脹情形不理想。使用時，請將烤箱調成最高溫度並充分預熱，在放入麵團前，先將蒸汽設為80%並使其噴水，待玻璃上出現水氣時立刻打開烤箱門並放入麵團。接著，當麵團膨脹（大概需要2分鐘）時，將濕度改為0%，同時也將溫度調低成食譜建議的溫度進行烘烤。大部分家用烤箱的功率較弱，一使用蒸汽功能，內部溫度可能就會下降，因此，須避免蒸汽功能的使用時間過長，否則會帶給麵包不良影響。

07
攪拌機

攪拌機的種類繁多，有些適合用在特定麵包種類，有些適合量大的麵團。雖然無法一一說明，但大致上來說，做歐式麵包（硬式麵包）時，會使用螺旋式攪拌機；做甜麵包時，則使用立式攪拌機。

隨著攪拌機的不同，攪拌所需時間、麵團的麵筋強度皆不相同，因此對於麵包師來說，攪拌機的選擇極為重要。而且，正因為攪拌機會導致攪拌所需時間或麵團最終結果有些微的不同，所以最好能事先測試並熟悉各自使用的攪拌機。

每次我在接受烘焙店的諮詢委託之前，我最先詢問對方的就是攪拌機的形態和大小。因為如果能先掌握店鋪使用何種攪拌機，就能對攪拌的方法和時間有所概念並設定計畫，接著便能按照計畫作業。從這點可以明白，攪拌機是做麵包時最重要的設備。

攪拌機的種類

立式攪拌機

立式攪拌機又稱直立式攪拌機。不同製造商的產品，其 RPM（每分鐘轉數）各不相同，請務必先理解攪拌機的性能再使用。假設使用 A 款立式攪拌機時，第一段攪拌了 2 分鐘、第二段攪拌 5 分鐘，那麼改用 B 款機種時，因為其轉數和鉤子形狀都不同，攪拌的速度和時間勢必需要調整。另外，即使是同一種攪拌機，只要大小（容量）不同，攪拌的速度和時間就會不同，因此還要同時考慮到攪拌機的容量，才能做出完美的麵包。

舉例來說，1kg 麵粉可於容量為 20L 的攪拌盆中正常地攪打。如果用 500g 麵粉於容量為 7L 的攪拌盆中攪打，會發生什麼事呢？當麵團形成某種程度的麵筋時，麵團會先被捲到鉤子上，而為了達到理想的麵筋，需以更快的速度攪拌，強大的旋轉力便會使捲起的麵團再度掉下去，促使麵筋發展。但此時需要特別注意「麵團的溫度」。由於麵團在 7L 攪拌盆中的攪拌速度比在 20L 攪拌盆中更快，摩擦力會使麵團溫度升高，進一步加速麵團的氧化。因此，比起完全依賴食譜上建議的時間和速度，更應根據每台攪拌機的特性來調整時間和速度。

螺旋式攪拌機

螺旋式攪拌機是歐洲國家常用的攪拌機之一。其特徵在於具有強大的攪拌力。即使開低速，它也能強力地攪拌、捲起麵團，提升麵筋的彈性。一般來說，螺旋式攪拌機在處理大量麵團時更具優勢，因此許多烘焙店都會選擇採用這類攪拌機。如今，隨著小容量的機種推出，也開始廣泛運用於一般家庭中。

螺旋式攪拌機的一大缺點在於，當麵團溫度升高時，沒有降溫的方法。如果是立式攪拌機，可以把裝有冰水的盆子托在攪拌盆下方，藉此讓麵團降溫。然而，螺旋式攪拌機是以攪拌盆本身旋轉的方式來進行攪拌，所以下方並沒有空間放置冰水盆。因此，在使用螺旋式攪拌機時，必須把麵團的最終溫度納入考量，確認好所有材料的溫度後再進行攪拌（尤其夏天溫度較高，建議可將麵粉或液體材料放入冰箱，在冰冷狀態下直接使用）。使用溫度計隨時確認麵團的溫度也十分重要。另外，螺旋式攪拌機和立式攪拌機相比，麵筋的形成速度較快，攪拌程度往往超過肉眼所見，所以過程中間都要定期檢查，避免攪拌過度。

雙臂攪拌機

雙臂攪拌機顧名思義，就像用雙手揉麵一樣，由兩個長形攪拌槳緩慢地攪拌麵團。以此方式攪打而成的麵團，氧化程度少，還能保留麵粉原始的風味。此外，其最大特點是摩擦力小，麵團升溫的速度低於其他攪拌機，因此特別適合用於製作法式長棍麵包等歐式麵包。而最近發現，它也適合用來攪拌像是義大利水果麵包這類高糖油麵團（Rich Bread），跟立式攪拌機很不一樣，它能仿效人手在拉伸麵團的方式，有助於形成自然的麵筋，並提升烘焙漲力。

由於麵粉和水進行水合的時間越長，麵團就會吸收越多水分。因此，與其他攪拌機相比，在雙臂攪拌機中，因為麵粉吸收水分的時間較長，所以可以添加更多的水分，這會有利於製作出更濕潤且柔軟的麵包。此外，麵筋組織也會更有彈性。基於以上特點，雙臂攪拌機非常適合用於含水量高的佛卡夏、巧巴達、魯茲迪克等麵包，麵團在烘烤過程中能展現更好的膨脹效果，烤出來的成果品質更佳。

08
發酵箱

發酵箱是可以按照需求調整溫度和濕度,以控制麵團發酵的設備,屬於烘焙店必備的器材之一。大部分店鋪為了配合營業時間,通常會在早晨使用發酵箱,以利產出大量的麵包。不過,它也十分適合拿來協助進行低溫發酵(溫度可設定在-1〜15℃之間,配合工作時間調整溫度,能達到減緩或加速發酵等目的,實現更高效率的生產)。

舉例來說,完成第一次發酵的佛卡夏麵團置於 4℃ 冰箱中進行低溫發酵後,早上取出時,由於麵團變得非常冰冷,不適合直接分割和整形,這時就需要放置於室溫一段時間(約 2 小時),使麵團溫度上升再作業。但如果利用發酵箱回溫就能節省時間。也就是將 4℃ 的冰冷麵團放入已調成 10℃ 的發酵箱中,如此一來,相較於直接在室溫下回溫,至少能加快 1 個小時。只要像這樣靈活運用發酵箱,便能大幅提升烘焙現場的生產效率。

---

* 沒有發酵箱的替代方法

在沒有發酵箱的情況下,通常會在大冰桶裡放入溫水和麵團,以維持發酵所需的溫度和濕度。不過,我認為這並非一個理想的方法,因為冰桶散發的異味可能會滲入麵團中,影響成品的風味。

對於本書中介紹的佛卡夏,因為主要是進行低溫發酵,因此發酵箱並不是必備的。然而,在低溫發酵前進行的第一次發酵或第二次發酵(書中建議溫度為 25〜27℃),也需要適當的環境與做法,才能達到良好的發酵效果(例如,揉麵後蓋上發酵盒的蓋子,在擺放於烤盤上或整形後蓋上更大的鐵盤等物,避免麵團表面乾燥,如此進行發酵)。如果室內溫度過低,可以在發酵盒內放一個盛裝溫水的碗,會有助於維持溫度和濕度。

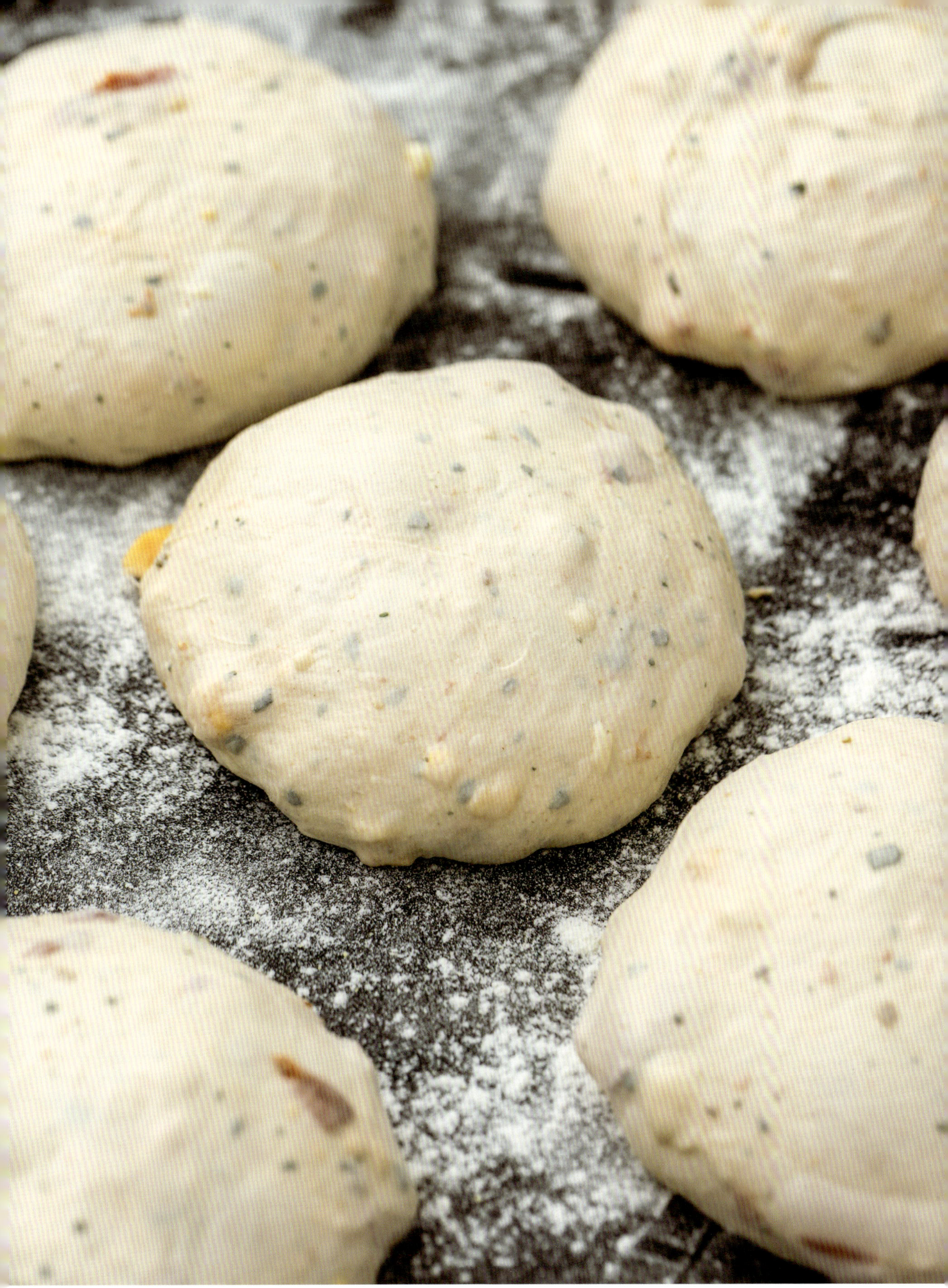

佛卡夏製作 Q&A

Q1 使用立式攪拌機時,為什麼麵團總是順著鉤子往上爬呢?

A1. 如果是在麵筋已發展完成的狀態下,以較慢的速度攪拌,麵團就會順著鉤子往上爬。攪拌機的容量越小,這種現象就會越頻繁;若在此時加快攪拌速度,讓鉤子轉動得更快,麵團就會掉下去。然而,轉得越快,摩擦力就越大,麵團溫度也會跟著上升,因此建議讓食材盡量都維持在冰涼的狀態(預先冷藏)再攪拌,或者是在攪拌盆下方墊冰水,避免麵團在操作過程中不斷升溫。

Q2 麵團掛不到鉤子上,反而像球一樣滾來滾去,這時該怎麼辦?

A2. 比起濕軟的麵團,硬的麵團更容易在攪拌鉤周圍空轉。這是因為麵團的麵筋已經發展到某種程度的關係,如果要解決此問題,哪怕有點麻煩,還是需要在攪拌過程中親手將麵團掛到鉤子上。依照攪拌機的容量來攪拌適量的麵團也相當重要。明明是大容量的攪拌機,卻只攪拌少量的麵團,難免就會出現空轉現象。

Q3 從何得知低溫發酵有沒有順利進行呢?

A3. 經過第一次低溫發酵的麵團,通常體積會膨脹到比發酵前 1.7 倍大左右。由於在低溫下進行長時間發酵,麵團表面會形成微微的曲線,並且可以看到發達的網狀結構,這表示麵筋已確定成形。如果發現發酵不足,最好放在室溫一段時間以補足發酵程度;如果發酵過度,則可以提早進行分割或整形的操作。

低溫發酵前　　低溫發酵後(形成微微的曲線)　　代表麵筋成形的網狀結構

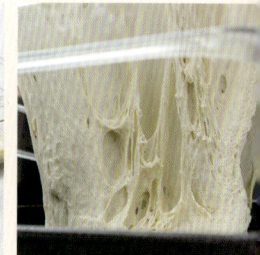

Q4 烘烤出爐的佛卡夏底部結塊,為什麼會這樣呢?

A4. 若佛卡夏的底部組織結成一塊,可推測是由以下三個原因造成。
① 進行第一次發酵時發酵過度,導致烘烤過程中烘焙漲力過高,一離開烤箱麵包組織就塌陷。
② 進行第二次發酵時發酵過度,導致麵團組織脆弱而塌陷。
③ 麵團中混合了馬鈴薯等較重的配料,並且第二次發酵過度,麵團組織就變得脆弱而塌陷。

凝結成團的地方

Q5 佛卡夏烘烤後高度參差不齊、凹凸不平，是哪個步驟出錯了嗎？

A5. 這種情況通常發生在麵團發酵時其中一邊嚴重傾斜，或者在用手指按壓整形時力道不一致（一邊多按或一邊少按）所導致。因此，在操作摺疊或整形步驟時應該留意「施力均勻」，以避免這類問題發生。

Q6 如何保存剩餘的佛卡夏，以及最美味的吃法？

A6. 佛卡夏是含水量高的麵包，如果不會一次吃完，建議冷凍保存。將烤好的佛卡夏放在冷卻網上冷卻後，分好每一次可以食用的分量並用保鮮膜緊密地包覆，然後冰入冷凍庫，這麼一來，便能在長時間下保持水分。要食用時，則將佛卡夏先放於室溫下解凍，再用烤箱烘烤，變得僵硬的組織就會回到一開始烤製的狀態。不過，如果再次烘烤已老化的麵包，老化速度會變更快，因此，建議每次只取出要吃的分量就好，並且當下吃完。

* 本書食譜中使用的發酵盒和烤盤

發酵盒是用來裝攪拌完成的麵團以進行發酵，最好選用與麵團量相符的大小。此外，建議使用自帶蓋子的產品，可以防止麵團乾燥。只要上網搜尋「PC 保鮮盒」或「透明 PC 保鮮盒」等，就能選購不同大小的盒子。本書中使用了兩種尺寸的發酵盒。

長 26.5×寬 32.5×高 10cm 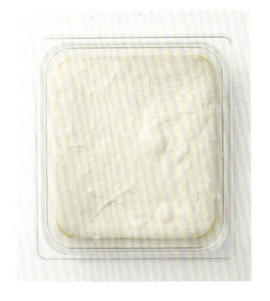　　長 32.5×寬 35.3×高 10cm

至於烤盤，本書中也使用了兩種尺寸，每份食譜上都有清楚標記。若是將整個佛卡夏麵團放入烤盤烘烤的食譜，大部分會把麵團分到兩個烤盤上進行，讓麵包形成一定的高度；但高個子佛卡夏（P.206）則集中擺放在一個烤盤上，以製作出更有厚度的鬆軟口感。由此可知，烤盤大小和使用的數量，其實是根據想要的最終體積來決定。

長 29×寬 39×高 4.5cm 　　長 33.5×寬 36.5×高 5cm

FOCA

: 了解水解法	076
01. 基本款佛卡夏	078
• 扁平狀的基本款佛卡夏	086
02. 手揉佛卡夏	088
02-1. 雞肉塔可佛卡夏	096
02-2. 雞肉蔓越莓佛卡夏	098
02-3. 蜂蜜戈貢佐拉起司佛卡夏	100
02-4. 蒜香夏威夷佛卡夏	102

CCIA

PART **5**

使用水解法
製作佛卡夏

> 用手拉扯充分水合的水解麵團，
> 能感受到極具彈性的延展度。

basic

了解水解法

水解法（又稱水合法，Autolyse）是由二十世紀法國麵包達人 Raymond Calvel 創造的技術。作法為將麵粉和水輕輕混合後放置一段時間，使其充分水合，接著再加入主麵團中使用。雖然少了用機器攪拌的過程，但會在靜置的時間裡（靜置休息期）自行形成筋度。將充分水合後的水解麵團用於主麵團，可以使總攪拌時間縮短約四成，也能大幅降低麵團的氧化程度。此外，跟直接法（又稱直接攪拌法）相比，可以保留更多的水分，而以結果來說，烘焙完成的麵包氣孔較多、內部組織鬆軟且更加濕潤，品嘗起來風味更佳。水解法是製作佛卡夏、巧巴達等高含水麵包的最佳方法。

Recipe

1. 將水和麵粉放入碗中，用刮刀混合，直到看不見塊狀物為止。
   - 水和麵粉的量請參考各食譜配方。
   - 量少時用刮刀即可，量多時則放入攪拌機中，以低速攪拌約 2 分鐘。（雖然時間不長，但足以讓水解法發揮作用。）
2. 用保鮮膜包住麵團，避免麵團乾裂，並靜置 20 ～ 60 分鐘，待麵團充分水合後即可使用。
   - 靜置過程中，麵粉的蛋白質會和水分結合，產生發達的麵筋。
   - 水解麵團的理想溫度為 20℃。在溫度較高的夏季，需考慮到攪拌的摩擦力會造成麵團升溫，因此須將水合後的麵團溫度調整成 15℃ 再使用。如果麵團溫度高，最好放入冰箱冷藏一陣子。

進行水解法的注意事項

鹽具有收緊麵筋網絡的特性，會妨礙麵筋發展，因此在麵團進行水合時最好別加鹽。不加酵母的原因也是如此。若加入酵母，麵團就會開始發酵，除了造成麵團酸化，還會產生跟加鹽一樣的效果。因此，在製作水解麵團時，只用水和麵粉來操作是最好的方法。

01
BASIC FOCACCIA

基本款佛卡夏

此篇佛卡夏食譜可說是本書裡最基礎的食譜，僅使用最基本材料來製作。除了是基礎配方外，也包含低溫發酵的製程，因此只要反覆練習並成功烘烤出爐，之後就能輕鬆挑戰任何類型的佛卡夏。

水解法　第一次低溫發酵（8°C）

33.5×36.5×5cm 烤盤 2 個

DECK 250°C／220°C 15 分鐘

CONVECTION 250°C → 190～210°C 15 分鐘

Process

準備水解麵團
→ 攪拌主麵團（麵團最終溫度 23～25°C）
→ 第一次發酵（27°C－75%－50 分鐘）
→ 摺疊
→ 第一次低溫發酵（8°C－12～15 小時）
→ 回溫至 16°C
→ 麵團放入烤盤
→ 整形
→ 靜置（27°C－75%－30 分鐘）
→ 第二次發酵（28°C－75%－60 分鐘）
→ 烘烤

Ingredients

水解麵團（參考 P.76）

佛卡夏專用麵粉（Molino Dallagiovanna）	800g
高筋麵粉	200g
水	740g
TOTAL	1740g

主麵團

水解麵團	全部的量
麥芽精	5g
水（30°C）	15g
酵母（燕子牌半乾酵母紅裝）	3g
鹽	19g
調節水	140g
橄欖油	70g
TOTAL	1992g

BASIC FOCACCIA

078 – 079

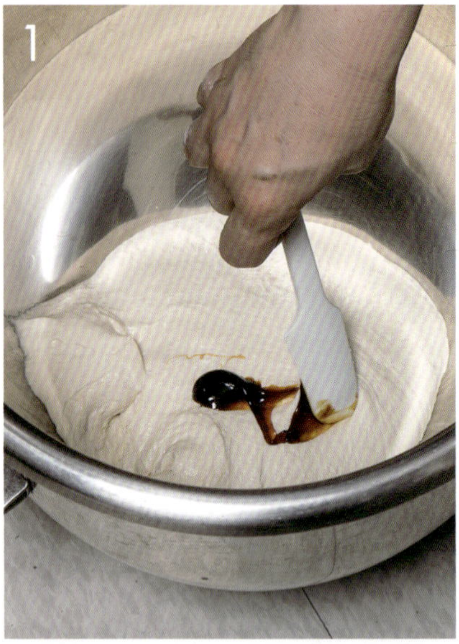
1
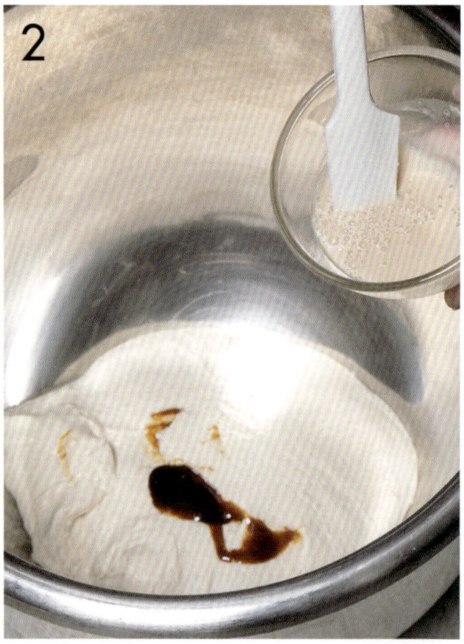
2
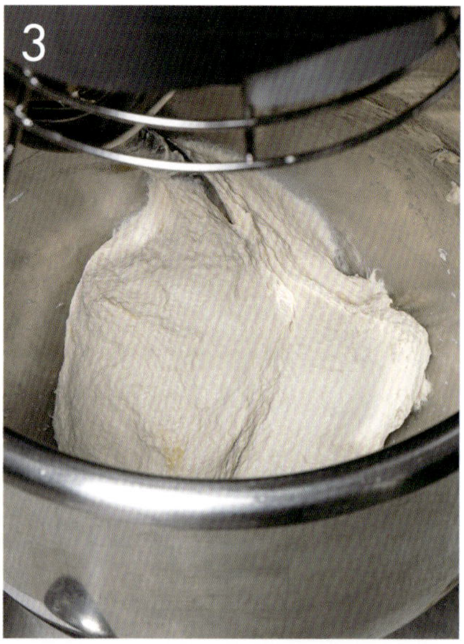
3
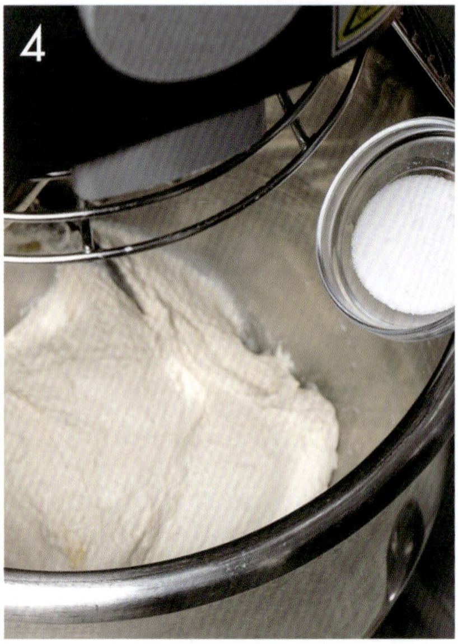
4
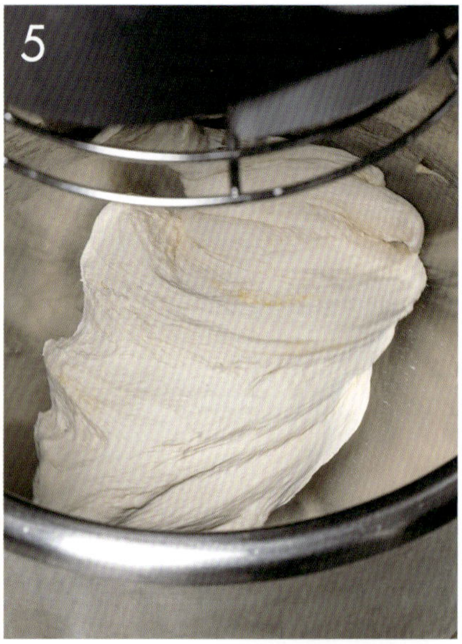
5
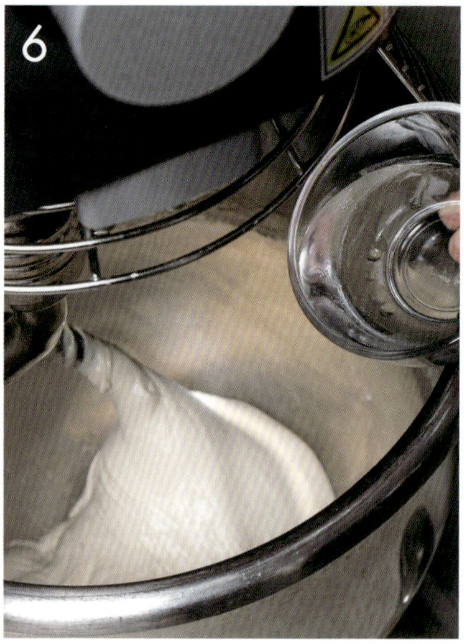
6
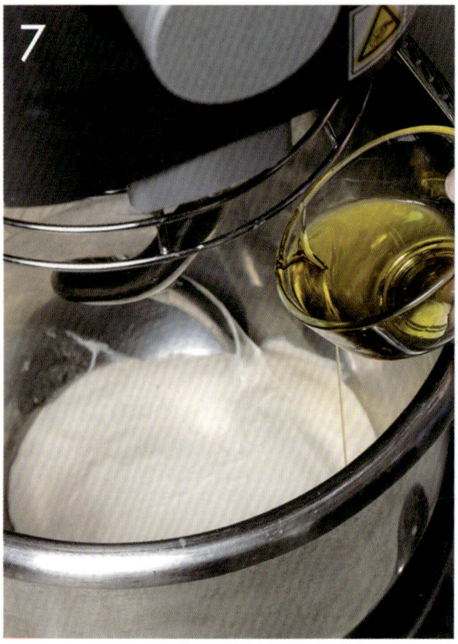
7
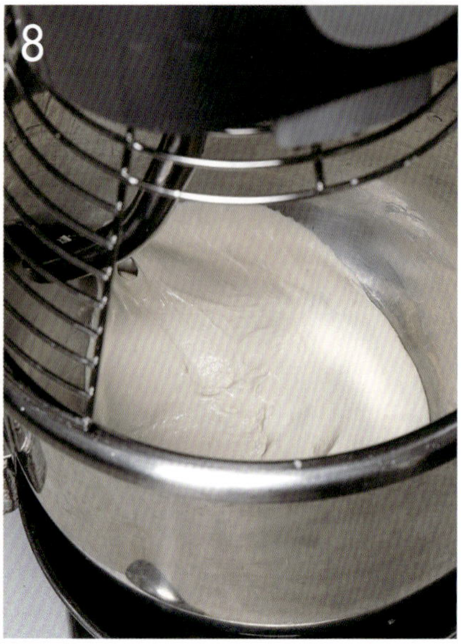
8

How to make

主麵團

❶ 將水解麵團和麥芽精放入攪拌盆中。

❷ 將酵母倒入 30℃ 的水中充分攪拌，然後加進攪拌盆中。

POINT 酵母在 30～35℃ 時最活躍。使用冰水或熱水攪拌時，可能會令一部分酵母死亡，因此水溫極為重要。

❸ 以慢速（約 3 分鐘）－中速（約 1 分鐘）進行攪拌。

❹ 當麵團中完全沒有水、產生一定的彈性，而且麵團不再黏著盆底時就加鹽。

❺ 以慢速（約 1 分鐘）－中速（約 1 分鐘）進行攪拌。

❻ 當鹽被麵團吸收而感覺不出顆粒時，緩緩地加入 140g 的水調節，並持續攪拌 3～4 分鐘。

POINT ● 調節的水不要全部一口氣加完，而是一邊確認麵團是否成型一邊少量加入。每 1000g 麵粉，一次不加超過 20g 水。因此，140g 的水至少要分七次加，讓麵團逐漸水合。

● 一旦更換麵粉或工作環境，水的用量就需要隨之增加或減少，所以得經常檢查麵團的狀態來調整水量。

❼ 確認調節水全部被麵團吸收後，一邊緩緩地倒入橄欖油，一邊攪拌約 3 分鐘。

POINT 將橄欖油倒在攪拌盆的壁面，使其緩慢地進入麵團中。待橄欖油全部被麵團吸收後，就可以結束攪拌。

❽ 麵團的理想最終溫度為 23～25℃，此時會呈現光滑又有光澤的狀態。

POINT 假如最終麵團的溫度更低或更高，發酵時間就需要延長或縮短。因此，攪拌結束後確認溫度是一項重要程序，才能在低溫發酵後得到理想的製品。

How to make

❾ 在發酵盒內側塗上橄欖油。

POINT 這裡使用尺寸為 26.5×32.5×10cm 的發酵盒。

❿ 將麵團分成兩等分，移到塗好橄欖油的兩個發酵盒中，然後放入 27℃ －75%的發酵箱中，進行第一次發酵約 50 分鐘。

⓫ 從上、下、左、右摺疊麵團。

⓬ 放入 8℃ 冰箱中，進行低溫發酵 12～15 小時。

⓭ 在烤盤內側塗上橄欖油。

POINT 這裡使用尺寸為 33.5×36.5×5cm 的烤盤兩個。

⓮ 將麵團移至室溫，待溫度回到 16℃ 時，再移到塗好橄欖油的烤盤上。

POINT 16℃ 是酵母開始變得活躍的溫度，經過低溫發酵後變冷的麵團，會從此時開始產生彈性，是整形的最佳時機。當麵團溫度回到 16℃ 時即可開始操作，只要在 20℃ 以下都能正常製作出佛卡夏。

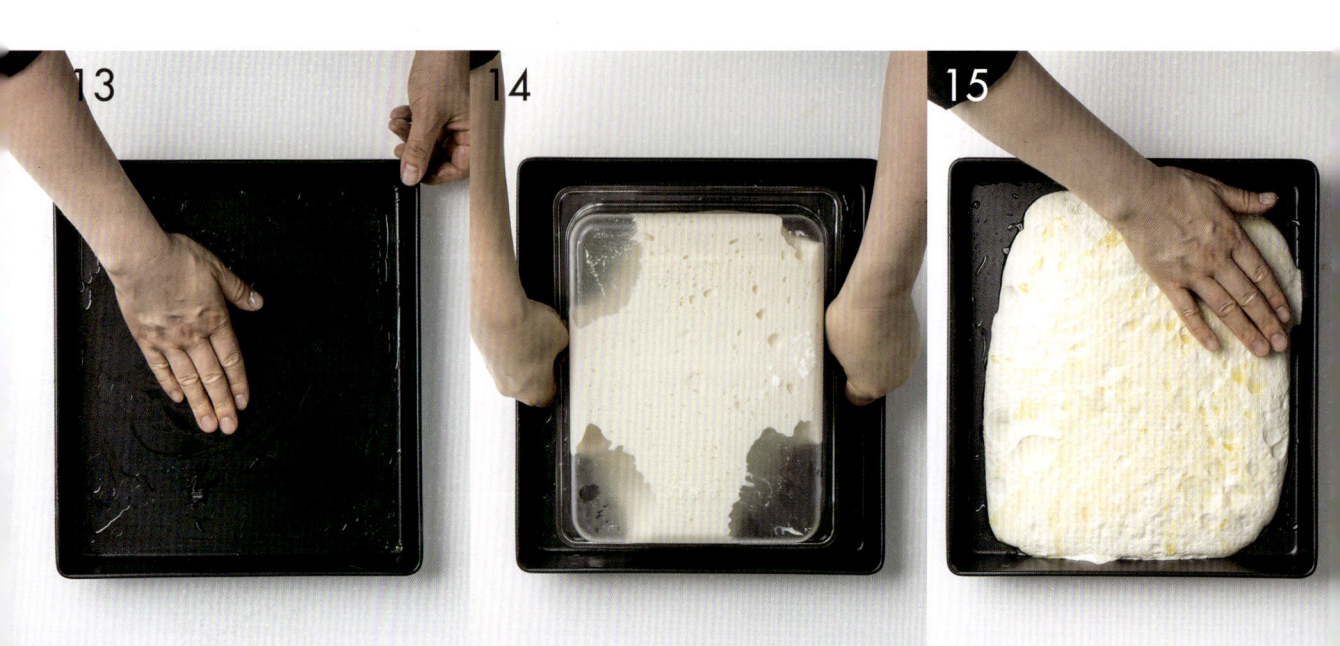

⑮ 在麵團上灑橄欖油後均勻塗抹。

⑯ 用手指在麵團上平均間隔地按壓,並將麵團推開延展至平鋪在整個烤盤內,然後放入 27℃－75%發酵箱中靜置約 30 分鐘。(麵團溫度 27℃)

⑰ 在麵團上灑橄欖油,再次利用手指自然推平到符合烤盤大小,然後放入 28℃－75%的發酵箱中進行第二次發酵約 60 分鐘。

⑱ 將麵團放入烤箱,溫度設為上火 250℃、下火 220℃,並在注入蒸汽約 3～4 秒後,烘烤 15 分鐘。

POINT
- 此處使用的是歐式層次烤箱。若是使用旋風烤箱,將麵團放入預熱至 250℃ 的烤箱中,並在注入蒸汽 3 次(共 4 秒)後,調降至 190～210℃烘烤 15 分鐘。
- 如果烤箱的蒸汽功能是以%來設定(例如 UNOX 烤箱),就事先設定成 80%,在充滿濕氣時放入麵團,並在開始膨脹時調成 0%。
- 在烘烤出爐的佛卡夏表面塗上橄欖油。

"
只要基本麵團好吃,不管放什麼配料,
都能完成美味的佛卡夏。
各種起司、蔬菜、香草等等,
依個人喜好自由地添加吧!
"

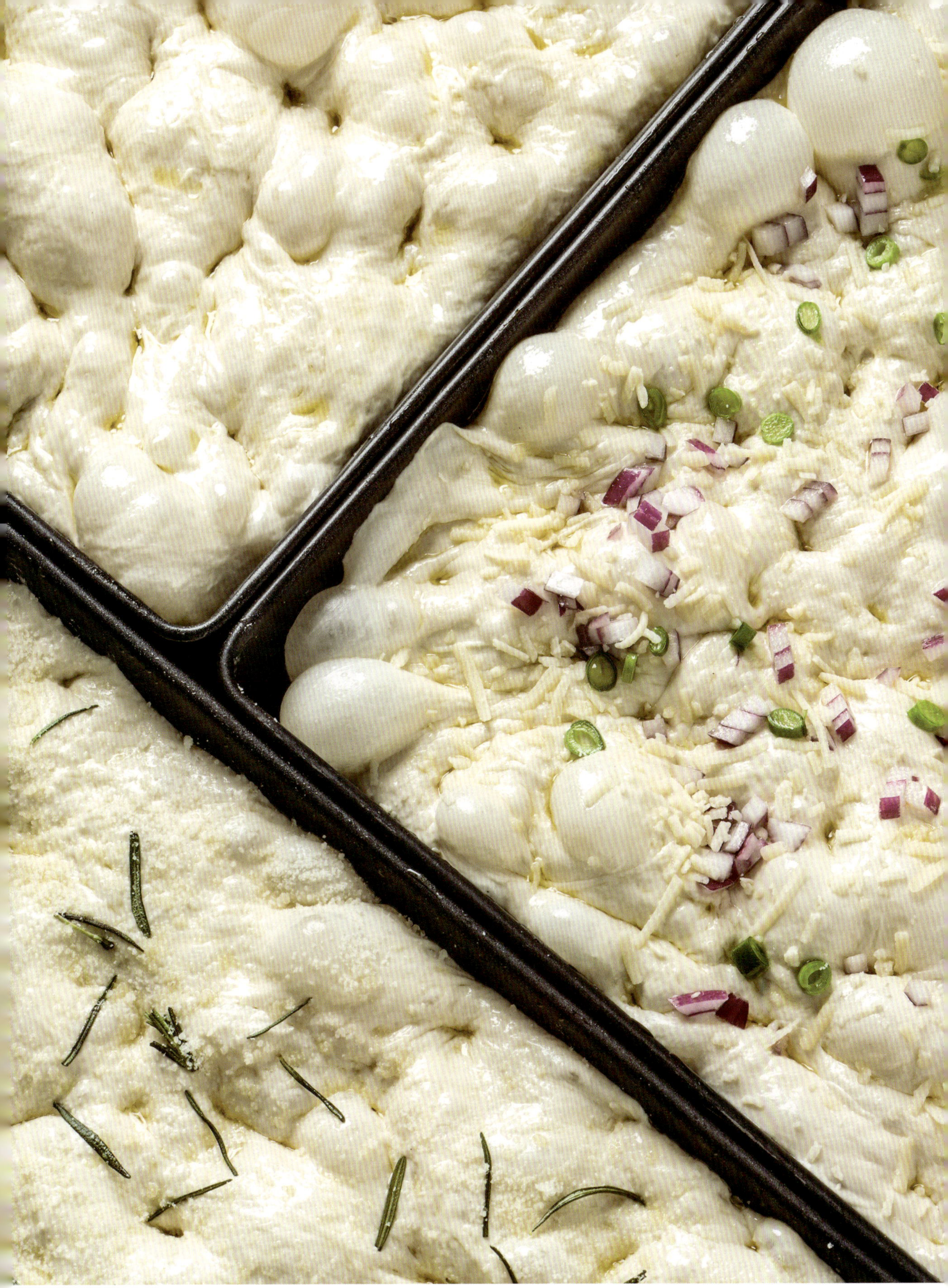

application

扁平狀的
基本款佛卡夏

這種扁平的長橢圓形麵團，製作概念來自於義大利的鏟子披薩（Pizza Alla Pala）。通常會先將發酵完成的麵團烘烤後冷凍保存，再根據需要取出、移入冷藏解凍後，塗抹醬汁或擺放配料，最後再回烤即可（有關半烘焙冷凍麵團請詳閱P.257）。它的製作關鍵在於，需要用高溫快速烤製以保留水分。這種麵團也很適合作為餐前麵包。

1. 將結束 8℃ 低溫發酵的基本款佛卡夏麵團移至室溫，待溫度回到 16℃ 時放在工作檯上。
   - 為了防止沾黏，請先在麵團表面及工作檯上撒手粉，再移動麵團。
   - 當麵團溫度回到 16℃ 時即可開始操作，只要在 20℃ 以下都能正常製作出佛卡夏。
2. 在麵團上撒手粉後切成兩半。
3. 利用手指自然推平，弄成橢圓形。
4. 用手抬起麵團並拉長。
5. 將麵團放到鋪好烤盤布的木板上，並直接進行烘烤。
   - 若是使用歐式層次烘箱，麵團放入後將溫度設為上火 270℃、下火 250℃，不加蒸汽，烘烤約 3～4 分鐘。
   - 若是使用旋風烤箱，先鋪石頭並預熱，然後不加蒸汽，以 250℃ 烘烤約 3～4 分鐘。

1 2 3
4 5

BASIC FOCACCIA

02
HAND-KNEAD FOCACCIA

手揉佛卡夏

這是一款不靠機器製作，口感鬆軟的佛卡夏。除了原味，把麵團整成橢圓形後放上多種配料，就能做成佛卡夏披薩。它們好吃到足以被收進早午餐店的菜單中。因為可以預先製成半成品，在每次接單時，只要放上配料再烘烤即可快速上桌。

水解法　第一次低溫發酵（8℃）

250g 約6個

DECK 270℃／250℃ 5 分鐘

CONVECTION 250℃ → 210℃ 10 分鐘

Process

準備水解麵團

→ 攪拌主麵團（麵團最終溫度 20～23℃）

→ 每隔 15 分鐘進行 1 組摺疊，共 4 組（麵團溫度需保持 20℃）

→ 第一次低溫發酵（8℃－12～15 小時）

→ 回溫至 16℃

→ 分割（250g）

→ 第二次發酵（27℃－75%－30 分鐘）

→ 整形

→ 撒配料

→ 烘烤

Ingredients

水解麵團（參考 P.76）

高筋麵粉	500g
T65 法國麵粉	250g
水	600g
TOTAL	1350g

主麵團

水解麵團	全部的量
麥芽精	5g
水（30℃）	15g
酵母（燕子牌半乾酵母紅裝）	3g
鹽	14g
調節水	30g
橄欖油	70g
TOTAL	1487g

HAND-KNEAD FOCACCIA

1 2 3

How to make

主麵團

❶ 將水解麵團和麥芽精放入發酵盒中。

POINT 這裡使用尺寸為 32.5×35.3×10cm 的發酵盒。

❷ 將酵母倒入 30℃ 的水中充分攪拌，然後加進發酵盒中。

POINT 酵母在 30～35℃ 時最活躍。使用冰水或熱水攪拌時，可能會令一部分酵母死亡，因此水溫極為重要。

❸ 用手充分搓揉和攪和。

POINT 用手攪拌的過程與其說是要增強麵團筋度，不如想成是要充分混合酵母與麵團，請用適度的力道來搓揉。

❹ 材料攪拌均勻後，加鹽並攪拌。

POINT 鹽會抑制酵母的活性，進而降低麵團的發酵力。因此，鹽必須在酵母徹底混入麵團後再加。

5 6

4

❺ 攪拌到感覺不出麵團裡的鹽粒時,就分批緩緩地加入 30g 的調節水。

POINT ● 一旦更換麵粉或工作環境,調節水的用量就需要隨之增加或減少,所以得經常檢查麵團的狀態來調整水量。

● 每 1000g 麵粉,一次不加超過 20g 的水。因此,30g 的水至少要分兩次加,讓麵團逐漸水合。

❻ 待調節水全部被麵團吸收後,將橄欖油分成四次倒入並攪拌。

POINT 完成此步驟後,麵團不是光滑狀態,而是顯得有些不穩定的樣子。但毋須擔心,之後麵筋會透過摺疊過程發展,並且完成麵團的水合。

❼ 麵團的理想最終溫度為 20～23℃,此時麵團會呈現稍微粗糙的狀態。

POINT 假如最終麵團的溫度更低或更高,發酵時間就需要延長或縮短。因此,攪拌結束後確認溫度是一項重要程序,才能在低溫發酵後得到理想的製品。

7

8

❽ 維持麵團溫度（20℃）的同時，進行冷藏靜置 15 分鐘→摺疊（上、下、左、右，共 4 次）→冷藏靜置 15 分鐘→摺疊（上、下、左、右，共 4 次）→冷藏靜置 15 分鐘→摺疊（上、下、左、右，共 4 次）→冷藏靜置 15 分鐘→摺疊（上、下、左、右，共 4 次）。

POINT　● 本書所介紹的一般佛卡夏麵團，通常在進入低溫發酵前會進行 30～50 分鐘的室溫發酵，但手揉麵團需要操作 4 組摺疊，因此所需時間相對較長（60 分鐘）。為了避免過程中麵團溫度過高，應讓攪拌完成的麵團溫度比理想值還低，並靜置於冰箱中，使酵母的活性降到最低，才能達到正常的發酵狀態。

● 4 組的摺疊中，在進行前 2 組時，麵團底部及表面均呈現光滑狀態，所以要往外摺；在進行後 2 組時，底部則會因為發酵而呈現粗糙狀態，所以要往內摺。

❾ 放入 8℃冰箱中，進行低溫發酵 12～15 小時。

10

❿ 將麵團移至室溫，待溫度回到 16℃ 時，移到工作檯上。

POINT ● 為了防止沾黏，先撒手粉在麵團上以及工作檯面，然後再移動麵團。當麵團溫度回到 16℃ 時即可開始操作，只要在 20℃ 以下都能正常製作出佛卡夏。

● 由於不是用機器攪拌的方式來增強麵筋，所以回到 16℃ 的麵團質地會比較柔軟。麵團雖然帶有黏稠性，但反而能獲得更好的麵包口感。

⓫ 將麵團分割成每塊 250g。

⓬ 將麵團預整形成橢圓形。

POINT 在整形成橢圓形時，請盡量輕柔地捲起麵團。

⑬　烤盤內均勻地撒上手粉後，等間隔擺放麵團。

⑭　放入 27℃－75%的發酵箱中進行第二次發酵約 30 分鐘。

⑮　工作檯上撒手粉後再放上麵團。

POINT　這裡使用粗粒小麥粉作為手粉。

⑯　用手指按壓麵團，使其延展、形成橢圓形。

POINT　把麵團邊緣弄得稍微厚些，可防止醬汁或配料往外流。

⑰　拿起整個麵團並輕輕地抖掉手粉。

⑱　擺放所需配料後烘烤即完成。

POINT　配料的種類、烘烤溫度以及時間請參考各食譜配方（P.96-103）。

HAND-KNEAD FOCACCIA

02-1

手揉佛卡夏的應用

CHICKEN TACO FOCACCIA

雞肉塔可佛卡夏

這是一款帶有南美風味的佛卡夏。以又辣又甜的雞肉,加上兩種不同風味的起司作為配料,讓人一吃就上癮。

Ingredients

手揉佛卡夏麵團(參考 P.88)

配料(1 個佛卡夏的分量)

辣椒醬(Millers Hot & Sweet Sauce)	16g
莫札瑞拉起司片	1 片
莫札瑞拉起司絲	52g
雞肉塔可餡(韓國 Sun-in 的產品,亦可自製)	90g
奶油乳酪	20g
美乃滋	適量
青蔥	適量
帕馬森起司絲	適量

How to make

❶ 佛卡夏麵團完成整形之後,塗抹上辣椒醬。

❷ 將莫札瑞拉起司片剪成適當大小後鋪在麵團上,並放上莫札瑞拉起司絲。

❸ 均勻地鋪上雞肉塔可餡和奶油乳酪。

❹ 淋上美乃滋後放入烤箱。將烤箱設為上火 270℃、下火 250℃,烘烤 5 分鐘。出爐後再撒上切好的蔥花和帕馬森起司絲即可。

POINT 此處使用的是歐式層次烤箱。若是使用旋風烤箱,先鋪石頭並預熱至 250℃,再將麵團放在預熱過的石頭上,調降至 210℃,烘烤 10 分鐘。

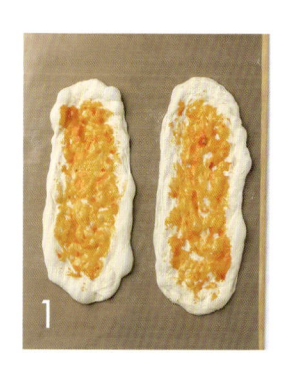

CHICKEN TACO FOCACCIA

02-2
手揉佛卡夏的應用

CHICKEN & CRANBERRY FOCACCIA

雞肉蔓越莓佛卡夏

用溫和柔滑的鮮奶油和清爽的雞肉做搭配,再以微酸的蔓越莓和香醇的堅果作為亮點,這款佛卡夏很適合跟孩子們一起享用。

Ingredients

手揉佛卡夏麵團(參考 P.88)

配料(1個佛卡夏的分量)

動物性鮮奶油 (MILRAM,乳脂含量 35%)	12g
莫札瑞拉起司片	1 片
莫札瑞拉起司絲	52g
雞肉蔓越莓餡 (韓國 Sun-in 的產品,亦可自製)	90g
烤杏仁片	適量

How to make

❶ 佛卡夏麵團完成整形之後,塗抹上鮮奶油。

❷ 將莫札瑞拉起司片剪成適當大小後鋪在麵團上。

POINT 變換不同種類的起司,就能做出不同風味的佛卡夏披薩。莫札瑞拉起司能製造出起司牽絲感;使用高達起司或艾登起司,則能品嘗到起司固有的濃郁風味。

❸ 均勻地放上莫札瑞拉起司絲。

❹ 放上雞肉蔓越莓餡後,放入烤箱。將烤箱設為上火 270℃、下火 250℃,烘烤 5 分鐘。出爐後再撒上烤杏仁片即可。

POINT 此處使用的是歐式層次烤箱。若是使用旋風烤箱,先鋪石頭並預熱至 250℃,再將麵團放在預熱過的石頭上,調降至 210℃,烘烤 10 分鐘。

CHICKEN & CRANBERRY FOCACCIA

02-3
手揉佛卡夏的應用

HONEY & GORGONZOLA FOCACCIA

蜂蜜戈貢佐拉起司佛卡夏

這款佛卡夏是以戈貢佐拉起司為主要味道,並用堅果增添香氣和口感。如果在烤出爐後立刻享用,能嘗到濃郁的起司風味;如果再抹上蜂蜜,則能增添香甜感。另外,非常推薦淋上蜂蜜酸奶醬,會宛如置身專賣店般感受到豐富的滋味。

Ingredients

手揉佛卡夏麵團(參考 P.88)

配料(1個佛卡夏的分量)

動物性鮮奶油(MILRAM,乳脂含量 35%)	12g
莫札瑞拉起司片	1 片
莫札瑞拉起司絲	50g
戈貢佐拉起司	10g
烤杏仁粒	適量
烤核桃	適量

蜂蜜酸奶醬

酸奶油	50g
蜂蜜	5g

＊將所有食材混合均勻。

How to make

❶ 佛卡夏麵團完成整形之後,塗抹上鮮奶油。

❷ 將莫札瑞拉起司片剪成適當大小後,鋪排在麵團上。

❸ 均勻地放上莫札瑞拉起司絲。

❹ 放上戈貢佐拉起司後,放入烤箱。將烤箱設為上火 270℃、下火 250℃,烘烤 5 分鐘。出爐後再撒上烤杏仁粒和烤核桃。

POINT　● 此處使用的是歐式層次烤箱。若是使用旋風烤箱,先鋪石頭並預熱至 250℃,再將麵團放在預熱過的石頭上,調降至 210℃,烘烤 10 分鐘。

● 可依喜好淋上蜂蜜酸奶醬一起享用。

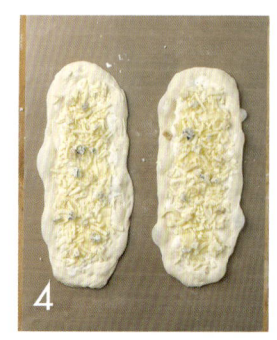

HONEY & GORGONZOLA FOCACCIA

02-4
手揉佛卡夏的應用

GARLIC HAWAIIAN FOCACCIA

蒜香夏威夷佛卡夏

這是以香草蒜蓉醬做調味的佛卡夏。配料包含了鳳梨和墨西哥辣椒沾醬，滋味不油膩，隨時吃都能享受到清爽口感。

Ingredients

手揉佛卡夏麵團（參考 P.88）

墨西哥辣椒沾醬 ●（作法參考 P.104）

墨西哥辣椒罐頭	280g
切碎的洋蔥	100g
細砂糖	50g

配料（1 個佛卡夏的分量）

香草蒜蓉醬 ●（作法參考 P.104）	18g
墨西哥辣椒沾醬 ●	8g
奶油乳酪	16g
莫札瑞拉起司片	1 片
莫札瑞拉起司絲	50g
鳳梨罐頭	10 塊
帕馬森起司絲	適量

How to make

❶ 佛卡夏麵團完成整形之後，塗抹上香草蒜蓉醬。

❷ 抹上墨西哥辣椒沾醬。

❸ 放上切小塊的奶油乳酪，以及剪成適當大小的莫札瑞拉起司片。

POINT 根據不同的品牌和製造地，奶油乳酪會有不同的味道和質感。因此，如果依目的選擇帶酸味或不帶酸味的產品，就能演繹出多樣化的味道。

❹ 放上莫札瑞拉起司絲、鳳梨後，放入烤箱。將烤箱設為上火 270℃、下火 250℃，烘烤 5 分鐘。出爐後再撒上帕馬森起司絲即可。

POINT 此處使用的是歐式層次烤箱。若是使用旋風烤箱，先鋪石頭並預熱至 250℃，再將麵團放在預熱過的石頭上，調降至 210℃，烘烤 10 分鐘。

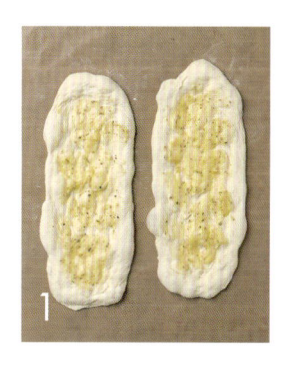

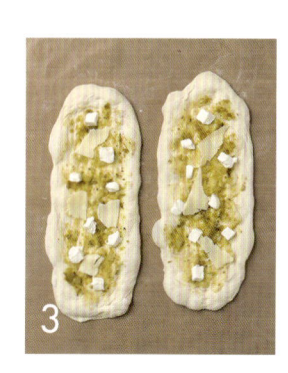

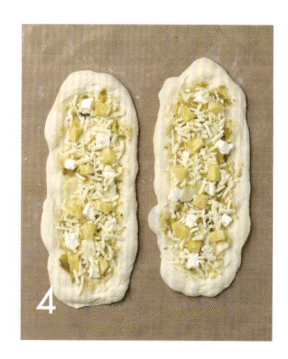

GARLIC HAWAIIAN FOCACCIA

How to make　墨西哥辣椒沾醬

❶　將罐頭裝的墨西哥辣椒放入調理碗中，用手持攪拌棒攪碎。
POINT　墨西哥辣椒罐頭裡的汁液也一起倒入碗中。

❷　在鍋中放入 **1**、切碎的洋蔥和細砂糖後加熱。

❸　以小火加熱約 1 小時，過程中需要不時用耐熱刮刀攪拌。

❹　當發現水分變少、煮到收汁時，移開火源後冷卻備用。

● 香草蒜蓉醬

❶　將 40g 水、2g 乾燥迷迭香和 1g 綜合義大利香草放入鍋中，加熱煮沸後關火，燜 3～5 分鐘。

❷　過篩後，將其中一半的量移回鍋中，並加 160g 奶油、60g 鮮奶油、60g 糖和 10g 蒜末一起煮至沸騰，冷卻後備用。

→ 如果喜歡更濃郁的香草風味，將❶過篩後全部的量入鍋一起煮。

GARLIC HAWAIIAN FOCACCIA

FOCA

: 了解義大利種	108
01. 甜菜番茄佛卡夏	110
02. 烤蔬菜佛卡夏	118
• 圓角三角形的烤蔬菜佛卡夏	126
03. 番茄佛卡夏	130
04. 菠菜艾登起司佛卡夏	138
05. 馬鈴薯橄欖佛卡夏	146

CCIA

PART **6**

使用
義大利種
製作佛卡夏

"
使用義大利種製作的佛卡夏，
具有優良的麵團發酵力和彈性，
以及傑出的麵包風味。
"

義大利種的切面

basic

了解義大利種

義大利種（Biga）在字典的定義為：製作義大利麵包時，加入主麵團中的少量發酵好的麵團。可以將它視作義大利式「前置酵種」。與波蘭種、中種法和海綿麵團等製法一樣，義大利種也是使用酵母來製成酵種，之後再加入主麵團使用。它能夠增加麵團發酵力，並且改善麵包風味。

製作義大利種的方法，光是義大利國內就有無數種，但普遍都是在麵粉中用 50～60%的水分和少量酵母，發酵 16 小時左右來製成。有些方法是在室溫下發酵，有些方法則是在低溫下長時間發酵。至於要使用哪種方法，就取決於麵包師的偏好或者工作環境。

Ingredients

義大利種

高筋麵粉	1000g
酵母 （燕子牌半乾酵母紅裝）	3g
水（30℃）	550g
鹽	15g
TOTAL	1568g

Recipe

此配方是為了讓義大利種像老麵一樣使用在多種麵團當中，而添加鹽的配方。當義大利種作為前置酵種時（**PART 6 中的義大利種配方**），配方不加鹽，這時候要照下述方式將所有材料攪拌之後進行發酵，再放入主麵團中使用。
如果是當作老麵來使用（**PART 7 中的義大利種配方**）則會加鹽，這種情況下，就會像下方表格所示，使用最一開始製作的義大利種，或者使用續養的義大利種。

1. 將所有材料放入攪拌盆中，以慢速5分鐘－中速10分鐘進行攪拌。
   ● 完成攪拌後，麵團溫度應保持在23℃。
2. 在18℃下發酵18小時，發酵完成後即可使用。
   ● 發酵時間的長短取決於工作環境。

如上方所述，製作及應用義大利種的方法很多，這裡介紹其中一種方便管理的「續養方法」。就讓我們透過下方表格來了解。

① 用最初（最一開始製作）的義大利種來製作佛卡夏麵團。
   → 製作方法請參考下方食譜。
② 佛卡夏麵團的第一次發酵結束後，取下①所用義大利種的量並放入冰箱。
③ 第二天，將放在冰箱保管的義大利種（老麵）拿來製作佛卡夏麵團。
④ 以相同方式續養義大利種，並且製作佛卡夏麵團。
   → 義大利很多地區在製作義大利種後會持續使用 1 至 2 年。如果能學會續養義大利種，並用來製作生吐司、甜麵包、法式長棍麵包等，想必有助於製作品質更優良的麵包。

材料	第一天的佛卡夏麵團	第二天的佛卡夏麵團	第三天的佛卡夏麵團
高筋麵粉	1,000g	1,000g	1,000g
水	750g	720g	720g
酵母（燕子牌半乾酵母紅裝）	2.5g	2.5g	2.5g
鹽	20g	20g	20g
橄欖油	70g	70g	70g
義大利種（biga）	最初的義大利種 300g	第一天的麵團 300g	第二天的麵團 300g

請看上方表格，第一天的麵團是使用最初的義大利種，也就是生麵狀態的義大利種。而在第二天的麵團中，使用了 300g 第一天的麵團（即老麵狀態的佛卡夏麵團），此時需要控制水量（從 750g 減少至 720g），如果判斷需要更多的水分，可以添加調節水，讓麵團變成適當的狀態。

01
BEET & TOMATO FOCACCIA

甜菜番茄佛卡夏

把甜菜磨碎後加入麵團中,便能做出讓人食慾大開的紅色佛卡夏。如果只使用甜菜,麵團會呈現十分自然的淺紅色;如果再加紅麴粉進去,則可以增添鮮豔感。紅色麵包與彩色小番茄的組合,簡直讓人垂涎欲滴。

義大利種 | **第一次低溫發酵(8℃)** | 200g 約9個 | **DECK** 250℃/220℃ 15分鐘 | **CONVECTION** 260℃ 15分鐘

Process

- 準備義大利種
- → 攪拌主麵團(麵團最終溫度 24～25℃)
- → 第一次發酵(25℃－75%－20分鐘)
- → 摺疊
- → 第一次低溫發酵(8℃－12～15小時)
- → 回溫至 16℃
- → 分割(200g)
- → 麵團放入烤盤
- → 靜置(27℃－75%－30分鐘)
- → 整形及擺上配料
- → 第二次發酵(27℃－75%－30分鐘)
- → 撒配料
- → 烘烤

Ingredients

義大利種(參考 P.108)

佛卡夏專用麵粉(Molino DallaGiovanna)	600g
紅麴粉	25g
水	318g
酵母(燕子牌半乾酵母紅裝)	2g
TOTAL	**945g**

甜菜水

甜菜	100g
水	320g

主麵團

義大利種	全部的量
甜菜水(30℃)	全部的量
佛卡夏專用麵粉(Molino DallaGiovanna)	200g
高筋麵粉	200g
酵母(燕子牌半乾酵母紅裝)	1g
鹽	18g
調節水	100g
橄欖油	70g
TOTAL	**1954g**

配料　橄欖油、彩色小番茄、格拉納帕達諾起司粉適量

BEET & TOMATO FOCACCIA

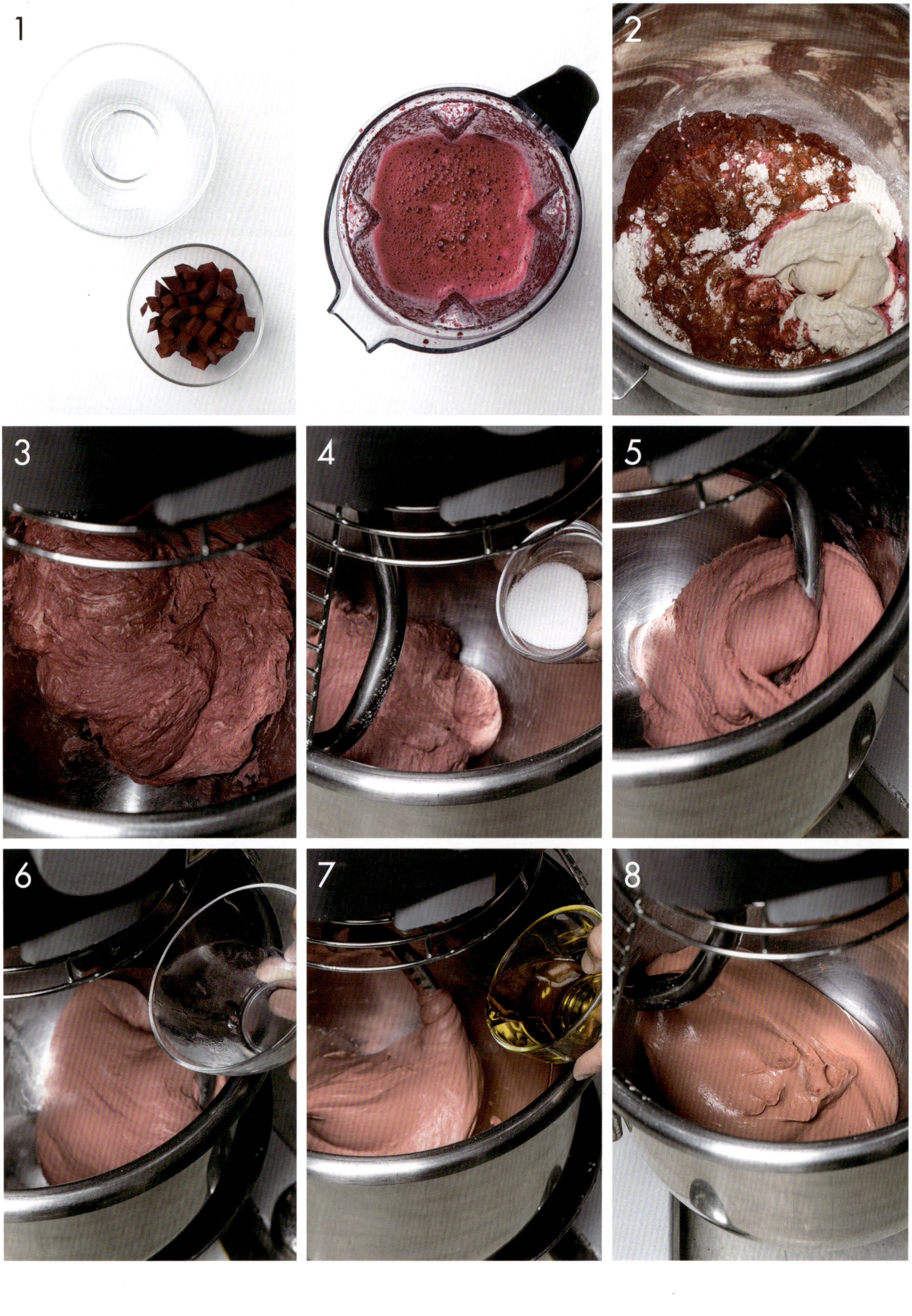
1
2
3
4
5
6
7
8

How to make

主麵團

❶ 將甜菜與水放入攪拌機中，攪打成甜菜水備用。
（製作好的甜菜水全部都會用在主麵團中。）

POINT 甜菜若磨得不夠細，可能會影響麵團的成形，因此務必磨到均勻的顆粒大小再使用。如果想做出其他顏色的麵團，可以用胡蘿蔔、菠菜等蔬菜來取代，但這時候，請根據每種蔬菜的水分來控制調節水的量。

例 使用水分相對較少的胡蘿蔔時，需要多加水；使用水分相對較多的番茄時，可以直接不加水或減少水量。

❷ 將義大利種、甜菜水、佛卡夏專用麵粉、高筋麵粉和酵母放入攪拌盆中。

POINT 酵母在 30～35℃ 時最活躍。若使用冰水或熱水攪拌，可能會令一部分酵母死亡，因此甜菜水的溫度極為重要。

❸ 以慢速（約 3 分鐘）—中速（約 2 分鐘）進行攪拌。

❹ 當麵團中完全沒有水、產生一定的彈性時就加鹽。

❺ 以中速（約 3 分鐘）進行攪拌。

❻ 當麵團不再黏著盆底時，緩緩地加入 100g 的調節水，並以中速持續攪拌約 3 分鐘。

POINT ● 調節水不要全部一口氣加完，而是一邊確認麵團是否成型一邊少量加入。每 1000g 麵粉，一次不加超過 20g 的水。因此，100g 的水至少要分五次加，讓麵團逐漸水合。

● 一旦更換麵粉或工作環境，調節水的用量就需要隨之增加或減少，所以得經常檢查麵團的狀態來調整水量。

❼ 待調節水全部被麵團吸收後，一邊緩緩地倒入橄欖油，一邊攪拌約 3 分鐘。

POINT 將橄欖油倒在攪拌盆的壁面，使其緩慢地流入麵團中。待橄欖油全部被麵團吸收後，就可以結束攪拌。

❽ 麵團的理想最終溫度為 24～25℃，此時會呈現光滑又有光澤的狀態。

POINT 假如最終麵團的溫度更低或更高，發酵時間就需要延長或縮短。因此，攪拌結束後確認溫度是一項重要程序，才能在低溫發酵後得到理想的製品。

9 10 11

How to make

❾ 在發酵盒內側塗上橄欖油。
POINT 這裡使用尺寸為 26.5×32.5×10cm 的發酵盒。

❿ 將麵團移到塗好橄欖油的發酵盒中,然後放入 25℃ － 75%的發酵箱中,進行第一次發酵約 20 分鐘。

⓫ 從上、下、左、右摺疊麵團。

⓬ 放入 8℃冰箱中,進行低溫發酵 12～15 小時。

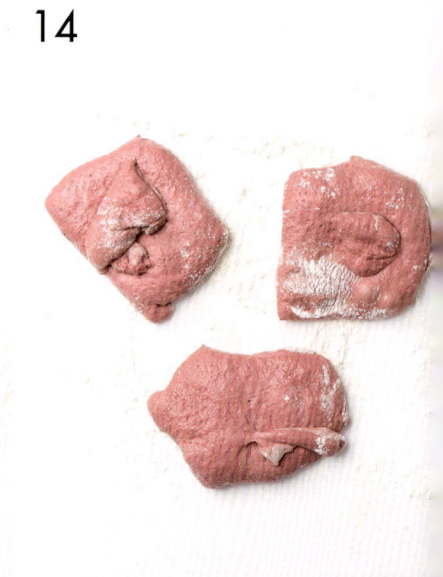

13 14

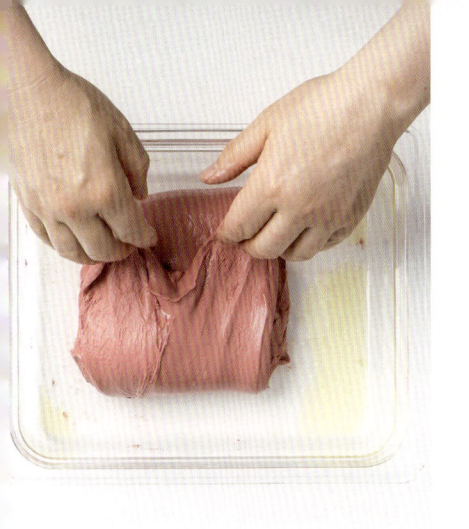

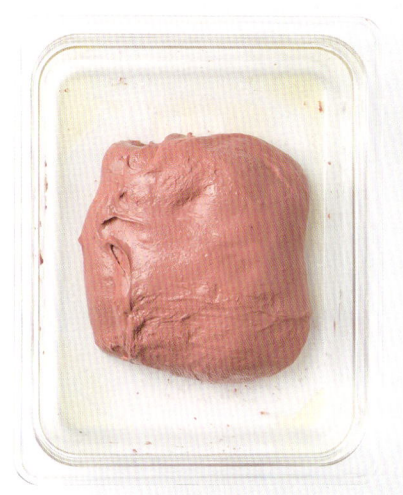

12

⓭　將麵團移至室溫，待溫度回到 16℃時，移到工作檯上。

POINT　為了防止沾黏，請先撒手粉在麵團上以及工作檯面，再移動麵團。當麵團溫度回到 16℃時即可開始操作，只要在 20℃以下都能製作出佛卡夏。

⓮　將麵團分割成每塊 200g。

⓯　沾點手粉後，將麵團滾圓以進行預整形。

15

16 將麵團放入圓形烤盤（直徑 15cm），然後放入 27℃－75%發酵箱中靜置約 30 分鐘。
17 在麵團上塗抹橄欖油。
18 利用手指將麵團自然推展，均勻地鋪滿在烤盤內。
19 擺放小番茄後，放入 27℃－75%的發酵箱中，進行第二次發酵約 30 分鐘。
20 在麵團上灑橄欖油。

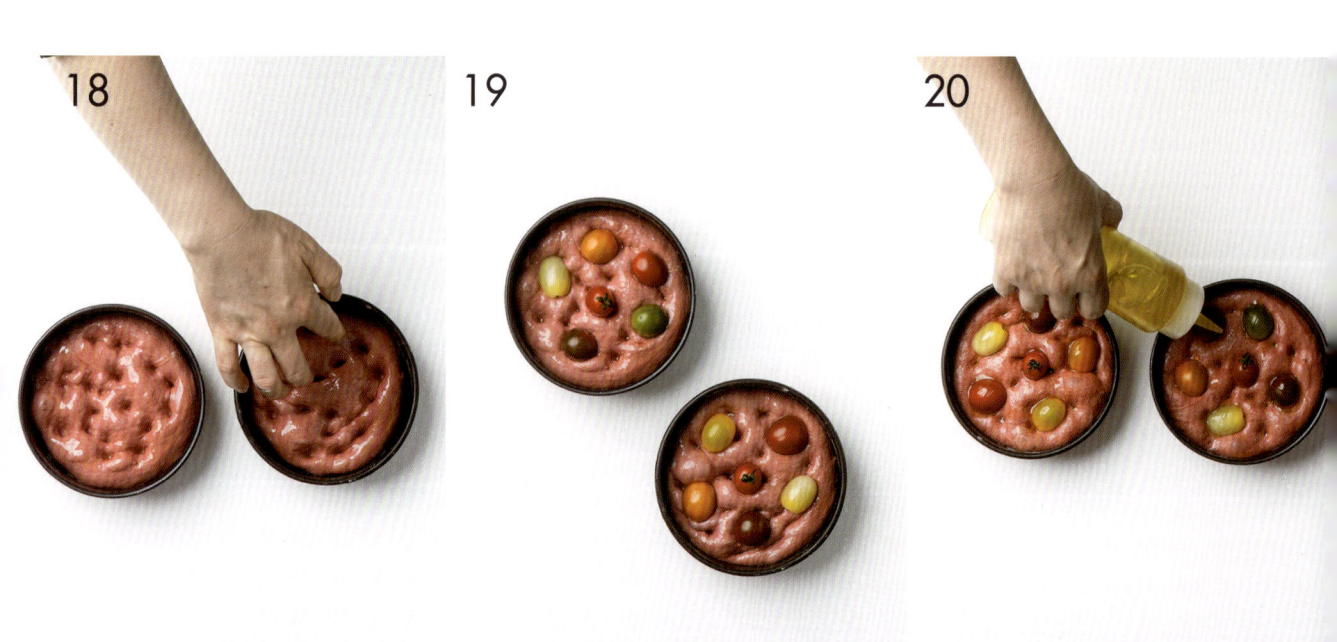

㉑ 再均勻撒上格拉納帕達諾起司粉。

POINT 也可以使用與番茄很搭的香草，如綜合義大利香草或迷迭香等。

㉒ 將麵團放入烤箱，溫度設為上火 250℃、下火 220℃，並在注入蒸汽約 3 秒後，烘烤 15 分鐘。

POINT
● 此處使用的是歐式層次烤箱。若是使用旋風烤箱，將麵團放入預熱至 260℃ 的烤箱中，並在注入蒸汽 3 次（共 4 秒）後，烘烤 15 分鐘。

● 如果烤箱的蒸汽功能是以%來設定（例如 UNOX 烤箱），就事先設定成 80%，在充滿濕氣時放入麵團，並在體積開始膨脹時將蒸汽調成 0%。

● 在烘烤出爐的佛卡夏表面塗上橄欖油。

21　　　22

02
ROASTED VEGETABLES FOCACCIA

烤蔬菜佛卡夏

這是一款可以充分感受到烤蔬菜的特別風味和香氣的佛卡夏。事實上，我從很久以前就開始構想，如何將烤蔬菜與佛卡夏做出完美的結合。在這個食譜中會將各種蔬菜切大塊，先醃製後稍微烘烤，便可作為麵團的餡料和配料。

義大利種 | **第一次低溫發酵（8℃）** | 29×39×4.5cm 烤盤 2 個 | **DECK** 250℃／210℃ 18 分鐘 | **CONVECTION** 260℃ 14 分鐘

Process

- 準備義大利種
- → 攪拌主麵團（麵團最終溫度 24～25℃）
- → 第一次發酵（25℃－75%－20 分鐘）
- → 摺疊
- → 第一次低溫發酵（8℃－12～15 小時）
- → 回溫至 16℃
- → 麵團放入烤盤
- → 整形
- → 擺上配料
- → 第二次發酵（27℃－75%－30 分鐘）
- → 烘烤

Ingredients

義大利種（參考 P.108）

佛卡夏專用麵粉（Molino DallaGiovanna）	600g
酵母（燕子牌半乾酵母紅裝）	2g
水	318g
TOTAL	920g

主麵團

義大利種	全部的量
佛卡夏專用麵粉（Molino DallaGiovanna）	200g
高筋麵粉	200g
酵母（燕子牌半乾酵母紅裝）	1g
麥芽精	5g
水（30℃）	380g
鹽	18g
調節水	140g
橄欖油	70g
TOTAL	1934g

烤蔬菜餡料（參考 P.124）

茄子	70g	馬鈴薯	130g
南瓜	100g	橄欖油	25g
櫛瓜	90g	胡椒	5g
彩椒	92g	鹽	適量
蘆筍	40g		

烤蔬菜配料（參考 P.125）：茄子、南瓜、櫛瓜、彩椒、橄欖油、胡椒、鹽 適量

配料：格拉納帕達諾起司粉 適量

ROASTED VEGETABLES FOCACCIA

118 – 119

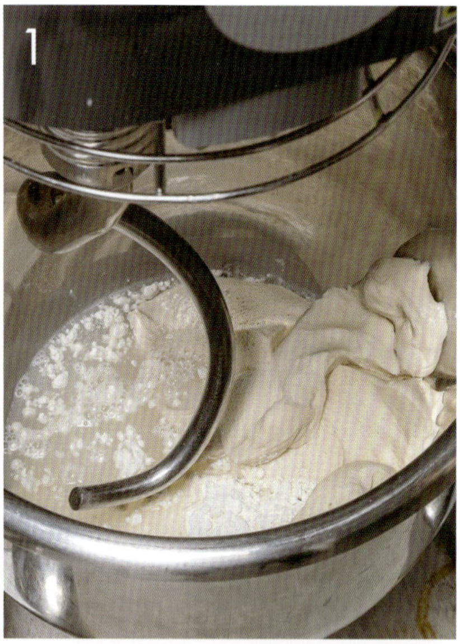
1
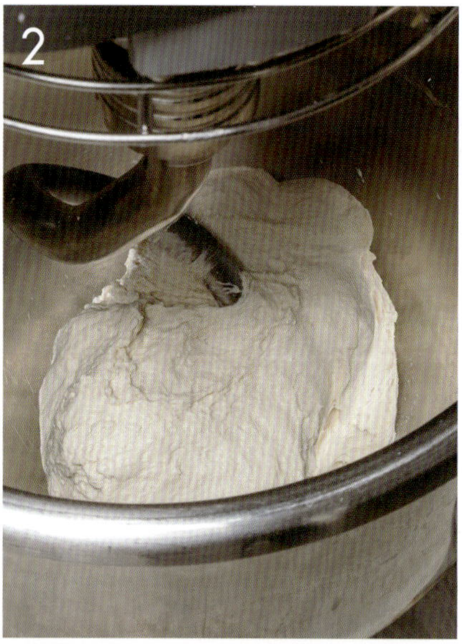
2
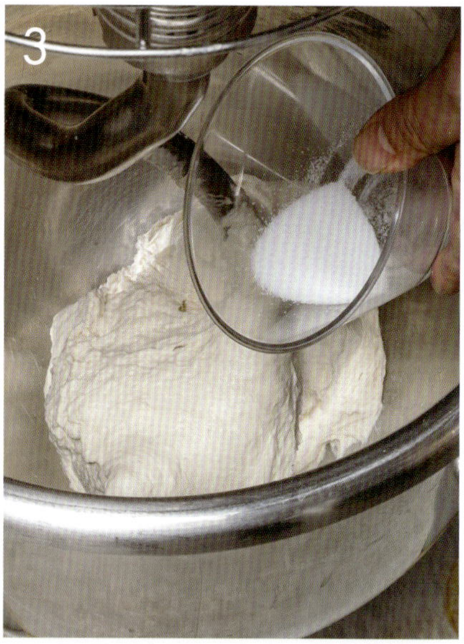
3
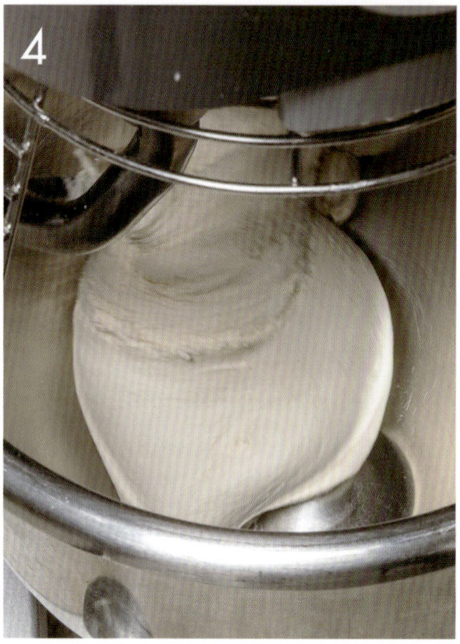
4
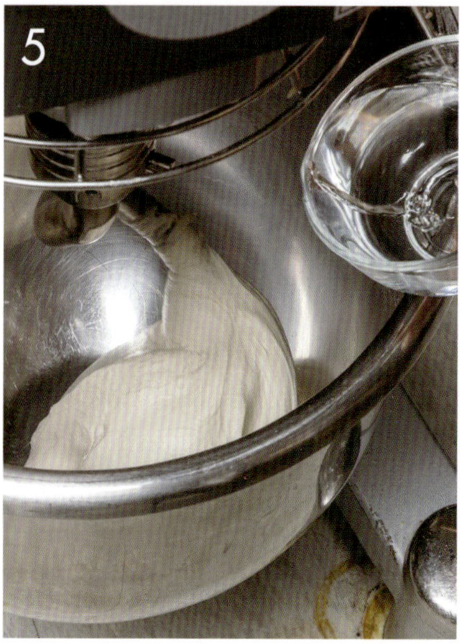
5
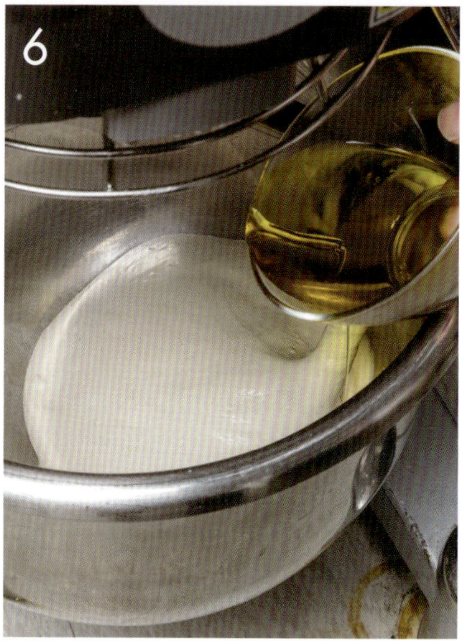
6
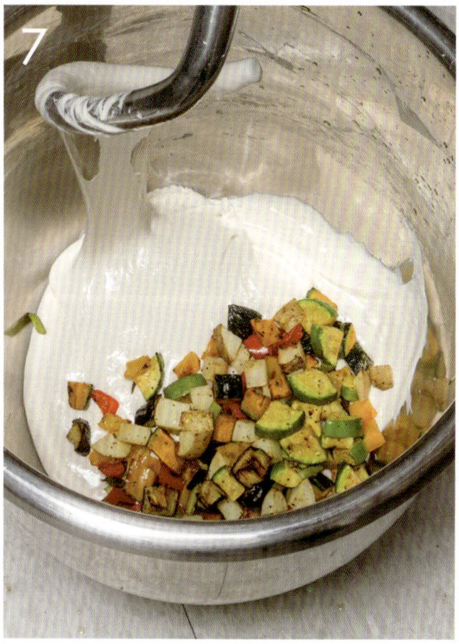
7
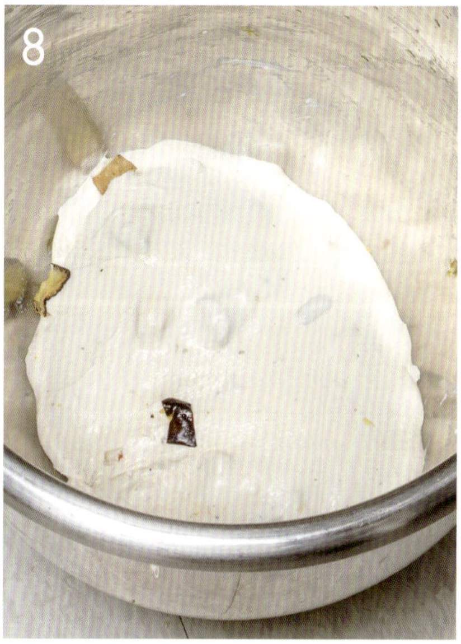
8

How to make

主麵團

❶ 將義大利種、佛卡夏專用麵粉、高筋麵粉、酵母、麥芽精和水放入攪拌盆中。

POINT 酵母在 30～35℃ 時最活躍。若使用冰水或熱水，可能會令一部分酵母死亡，因此水的溫度極為重要。

❷ 以慢速（約 3 分鐘）－中速（約 1 分鐘）進行攪拌。

❸ 當麵團中完全沒有水、產生一定的彈性時就加鹽。

❹ 以慢速（約 1 分鐘）－中速（約 3 分鐘）進行攪拌。

❺ 當麵團不再黏著盆底時，緩緩地加入 140g 的調節水並持續攪拌 3～4 分鐘。

POINT
● 調節水不要全部一口氣加完，而是一邊確認麵團是否成型一邊少量加入。每 1000g 麵粉，一次不加超過 20g 的水。因此，140g 的水至少要分七次加，讓麵團逐漸水合。

● 一旦更換麵粉或工作環境，調節水的用量就需要隨之增加或減少，所以得經常檢查麵團的狀態來調整水量。

❻ 待調節水全部被麵團吸收後，一邊緩緩地倒入橄欖油，一邊攪拌約 3 分鐘。

POINT 將橄欖油倒在攪拌盆的壁面，使其緩慢地流入麵團中，並且攪拌到橄欖油完全被麵團吸收為止。

❼ 待橄欖油全部被麵團吸收後，放入烤蔬菜餡料，輕柔地攪拌。

POINT 如果攪拌得過於猛烈，烤蔬菜可能會碎裂，所以需要以低速輕柔攪拌。使用小型攪拌機時，可以將麵團取出、移至發酵盒中，改成用刮刀手動攪拌，會有利於保持蔬菜的形態。

❽ 麵團的理想最終溫度為 24～25℃，此時會呈現光滑又有光澤的狀態。

POINT 假如最終麵團的溫度更低或更高，發酵時間就需要延長或縮短。因此，攪拌結束後確認溫度是一項重要程序，才能在低溫發酵後得到理想的製品。

9 10 11

How to make

⑨ 在發酵盒內側塗上橄欖油。

POINT 這裡使用尺寸為 26.5×32.5×10cm 的發酵盒。

⑩ 將麵團均分成兩份後,移到塗好橄欖油的兩個發酵盒中,然後放入 25℃－75%的發酵箱中,進行第一次發酵約 20 分鐘。

⑪ 從上、下、左、右摺疊麵團。

⑫ 放入 8℃冰箱中,進行低溫發酵 12～15 小時。

⑬ 將麵團移至室溫,待溫度回到 16℃時,移到塗好橄欖油的烤盤上。

POINT
● 這裡使用尺寸為 29×39×4.5cm 的烤盤。
● 當麵團溫度回到 16℃時即可開始操作,只要在 20℃以下都能製作出佛卡夏。

13 14 15

12

⑭　在麵團上灑橄欖油後，用手塗抹開來。

⑮　用手指在麵團上平均間隔地按壓，將麵團均勻地平鋪在整個烤盤內。

POINT　如果麵團無法順利延展到烤盤最邊緣，可以重新放回發酵盒靜置，待麵團變軟後再操作。

⑯　在麵團上均勻地擺放烤蔬菜配料。

⑰　撒上格拉納帕達諾起司粉後，放入 27℃－75% 發酵箱中進行第二次發酵約 30 分鐘。

⑱　將麵團放入烤箱，溫度設為上火 250℃、下火 210℃，並在注入蒸汽約 3 秒後，烘烤 18 分鐘。

POINT　● 此處使用的是歐式層次烤箱。若是使用旋風烤箱，將麵團放入預熱至 260℃ 的烤箱中，並在注入蒸汽 3 次（共 4 秒）後，烘烤 14 分鐘。

　　● 如果烤箱的蒸汽功能是以 % 來設定（例如 UNOX 烤箱），就事先設定成 80%，在充滿濕氣時放入麵團，並在體積開始膨脹時將蒸汽調成 0%。

　　● 在烘烤出爐的佛卡夏表面塗上橄欖油。

16　17　18

How to make　烤蔬菜餡料

❶　茄子、南瓜、櫛瓜、彩椒、蘆筍和馬鈴薯洗淨後瀝乾，並切成 2cm 大小。

❷　在所有蔬菜中加入橄欖油和胡椒後均勻混合。

❸　將蔬菜攤開平鋪在鋪好烘焙紙的烤盤上，並撒一點鹽。

POINT　隨著蔬菜的種類或大小，會有不同的烤製時間，因此最好是分開擺放。

❹　放入旋風烤箱中，以 230℃ 烘烤 5 分鐘。

How to make　烤蔬菜配料

❶　茄子、南瓜、櫛瓜和彩椒洗淨後瀝乾,並切成薄長片。

POINT　茄子和彩椒容易熟,但南瓜和櫛瓜需要較多時間才會熟,所以要小心別切得太厚。

❷　撒上橄欖油、胡椒和鹽。

❸　均勻混合後即可使用。

ROASTED VEGETABLES FOCACCIA

application

圓角三角形的烤蔬菜佛卡夏

將佛卡夏麵團整形成三角形

1. 麵團在冰箱內進行第一次低溫發酵後移至室溫，待溫度回到 16℃ 時，分割成每塊重量為 200g。
2. 用手輕柔地滾圓。
3. 烤盤上撒些手粉後，放上麵團。
4. 放入 27℃－75% 的發酵箱中，靜置約 30 分鐘。
5. 將麵團移到撒手粉的工作檯上。
6. 把麵團折三個邊，整形成三角形，接著壓平集中在中央的麵團，固定好形狀。
7. 將麵團放到鋪好烤盤布的木板上。
8. 在麵團上灑橄欖油並均勻塗抹。
9. 利用手指將麵團自然推展。
10. 在麵團上擺放烤蔬菜配料，然後放入 27℃－75% 的發酵箱中進行第二次發酵約 30 分鐘，即可進入烘烤階段。
    - 若是使用歐式層次烤箱，將溫度設為上火 250℃、下火 210℃，並在注入蒸汽約 3～4 秒後，烘烤 12 分鐘。
    - 若是使用旋風烤箱，將麵團放入預熱至 250℃ 的烤箱中，並在注入蒸汽 3 次（共 4 秒）後，調降至 190℃，烘烤 12 分鐘。
    - 如果烤箱的蒸汽功能是以 % 來設定（例如 UNOX）烤箱，那麼事先設定成 80%，並在充滿濕氣時放入麵團，接著在體積開始膨脹時將蒸汽調成 0%。
    - 在烘烤出爐的佛卡夏表面塗上橄欖油。

ROASTED VEGETABLES FOCACCIA

126 – 127

"
在麵團上擺放形形色色的醃製蔬菜，
經過烘烤後，就是看起來漂亮
又對健康有益的佛卡夏。
"

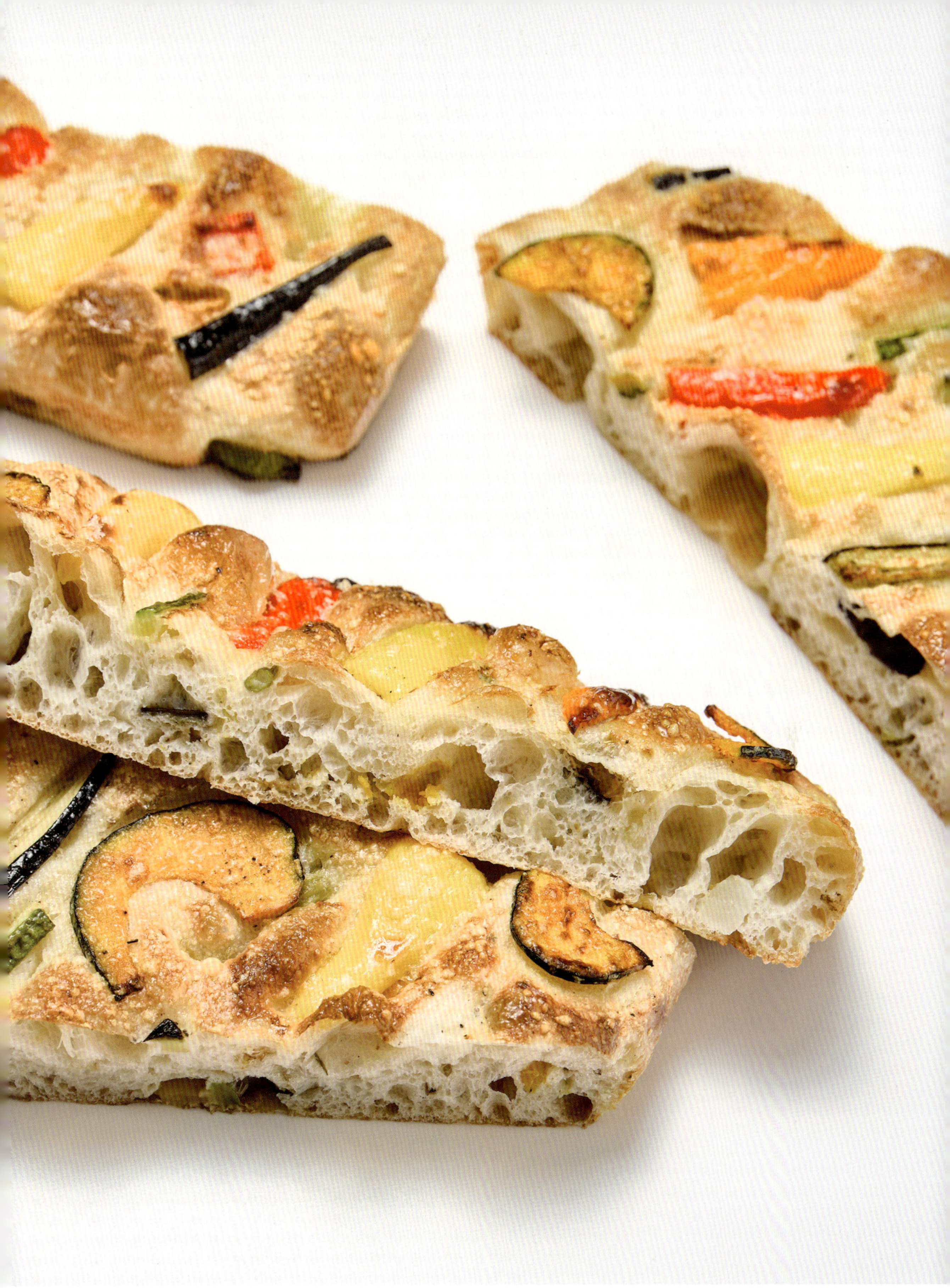

03
TOMATO FOCACCIA

番茄佛卡夏

麵包中間有個洞,形狀與貝果相似,它是我在構思要以更有趣的形狀來做佛卡夏時開發出的產品。嗅得到羅勒香氣的麵團,搭配日曬番茄乾和兩種起司,最後再用小番茄和滿滿的帕馬森起司絲做點綴,這是一款帶有義大利風味的佛卡夏!

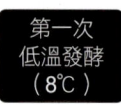

| 義大利種 | 第一次低溫發酵(8℃) | 250g 約 10 個 | DECK 250℃/220℃ 12 分鐘 | CONVECTION 250℃ → 190℃ 13 分鐘 |

Process

- 準備義大利種
- → 攪拌主麵團(麵團最終溫度 24～25℃)
- → 第一次發酵(25℃-75%-20 分鐘)
- → 摺疊
- → 第一次低溫發酵(8℃-12～15 小時)
- → 回溫至 16℃
- → 分割(250g)
- → 靜置(27℃-75%-30 分鐘)
- → 整形
- → 擺上配料
- → 第二次發酵(27℃-75%-30 分鐘)
- → 烘烤

Ingredients

義大利種(參考 P.108)

佛卡夏專用麵粉(Molino DallaGiovanna)	600g
酵母(燕子牌半乾酵母紅裝)	2g
水	318g
TOTAL	920g

主麵團

義大利種	全部的量
佛卡夏專用麵粉(Molino DallaGiovanna)	200g
高筋麵粉	200g
酵母(燕子牌半乾酵母紅裝)	1g
水(30℃)	380g
鹽	18g
調節水	140g
橄欖油	70g
TOTAL	1929g

餡料

日曬番茄乾(Nature F&B,冷凍油漬半乾番茄)	300g
高達起司	150g
巧達起司	100g
冷凍羅勒	15g
綜合義大利香草	適量

配料

小番茄、綜合義大利香草、帕馬森起司絲 適量

TOMATO FOCACCIA

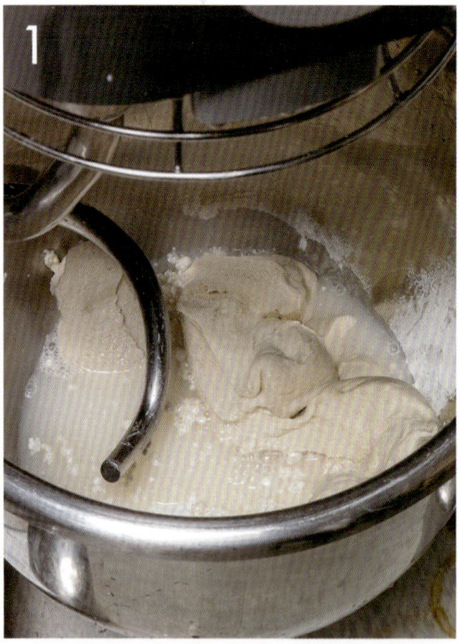
1

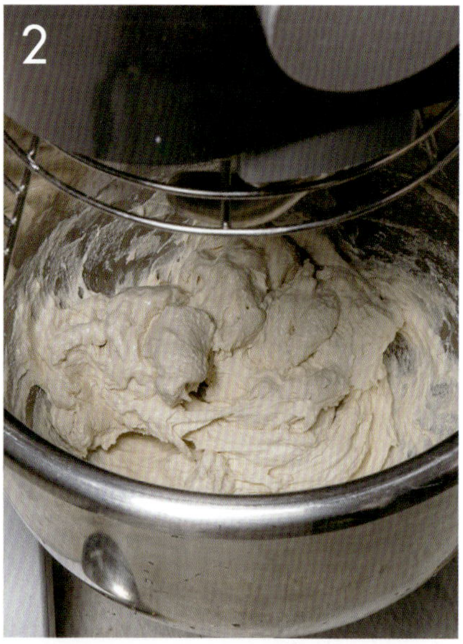
2

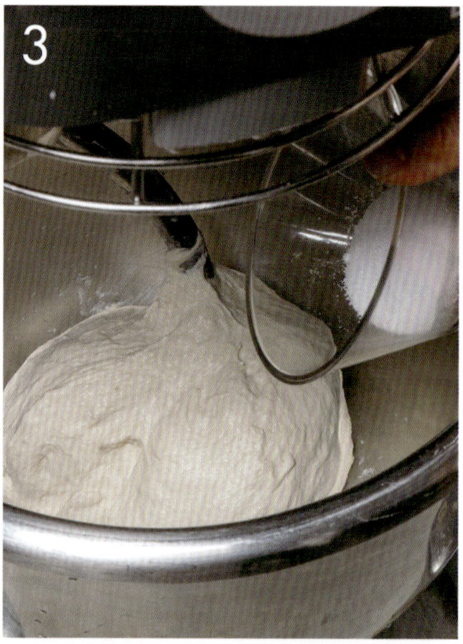
3

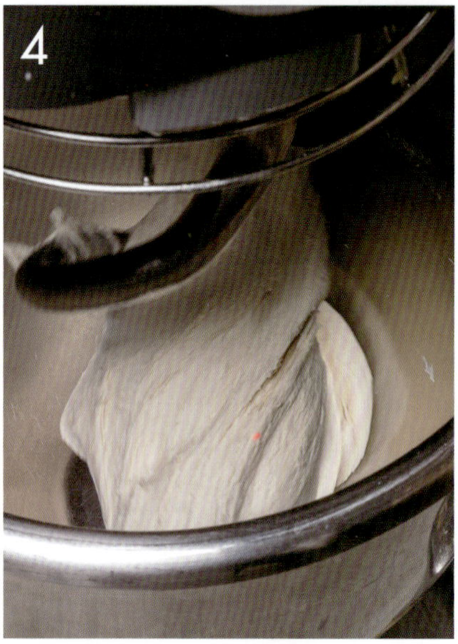
4

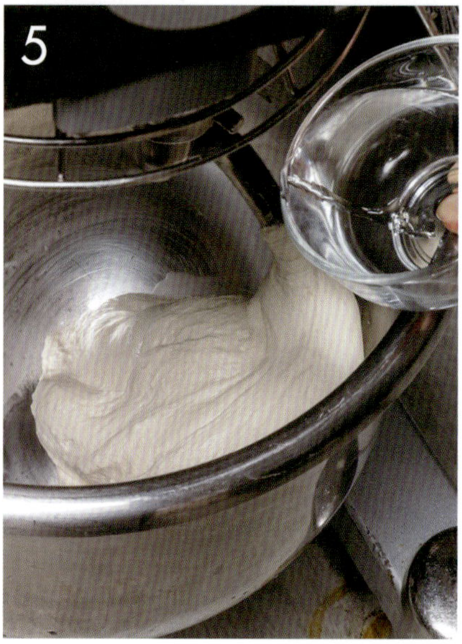
5

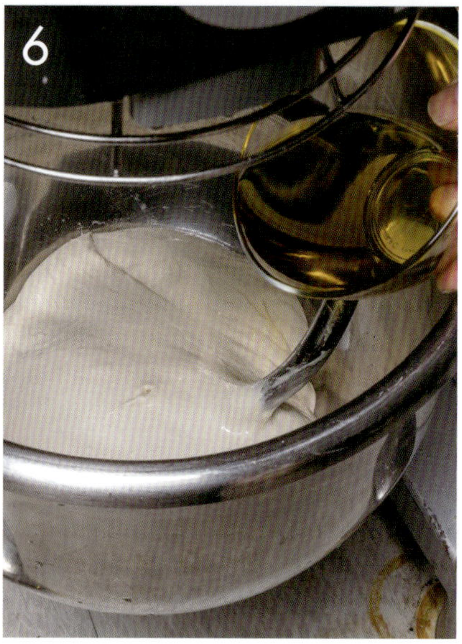
6

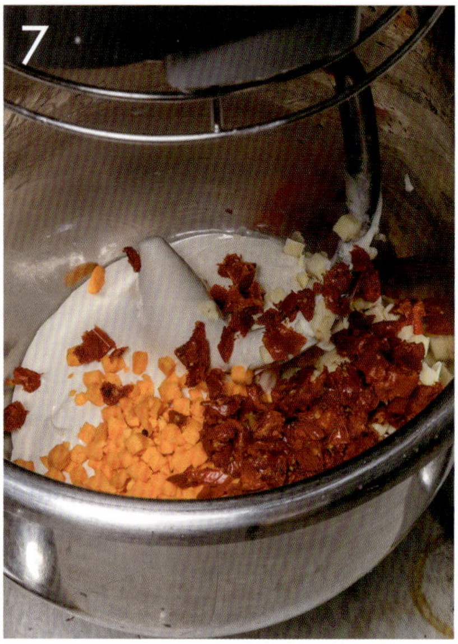
7

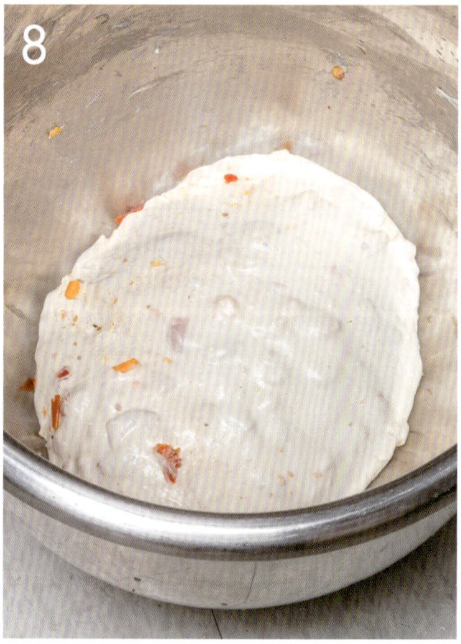
8

How to make

主麵團

❶ 將義大利種、佛卡夏專用麵粉、高筋麵粉、酵母和水放入攪拌盆中。

POINT 酵母在 30～35℃時最活躍。若使用冰水或熱水,可能會令一部分酵母死亡,因此水的溫度極為重要。

❷ 以慢速(約 3 分鐘)－中速(約 1 分鐘)進行攪拌。

❸ 當麵團中完全沒有水、產生一定的彈性時就加鹽。

❹ 以慢速(約 1 分鐘)－中速(約 3 分鐘)進行攪拌。

❺ 當麵團不再黏著盆底時,緩緩地加入 140g 的調節水並持續攪拌 3～4 分鐘。

POINT
● 調節水不要全部一口氣加完,而是一邊確認麵團是否成型一邊少量加入。每 1000g 麵粉,一次不加超過 20g 的水。因此,140g 的水至少要分七次加,讓麵團逐漸水合。

● 一旦更換麵粉或工作環境,調節水的用量就需要隨之增加或減少,所以得經常檢查麵團的狀態來調整水量。

❻ 待調節水全部被麵團吸收後,一邊緩緩地倒入橄欖油,一邊攪拌約 3 分鐘。

POINT 將橄欖油倒在攪拌盆的壁面,使其緩慢地流入麵團中。待橄欖油全部被麵團吸收後,就可以結束攪拌。

❼ 確認橄欖油全被麵團吸收後,加入餡料並稍微攪拌一下。

POINT
● 起司放在室溫太久,會融化而黏在一起,導致加入麵團時容易混合不均或破碎,因此請在冷藏狀態下直接攪拌到麵團中。

● 市售的冷凍日曬番茄乾通常會混合油、香草、大蒜等材料,水分比較多,因此建議先去除水分後再使用。若是自己製作的日曬番茄乾,因為沒有水分,則可以直接使用。

❽ 麵團的理想最終溫度為 24～25℃,此時會呈現光滑又有光澤的狀態。

POINT 假如最終麵團的溫度更低或更高,發酵時間就需要延長或縮短。因此,攪拌結束後確認溫度是一項重要程序,才能在低溫發酵後得到理想的製品。

How to make

❾ 將麵團移到塗好橄欖油的發酵盒中,然後放入 25℃ – 75%的發酵箱中,進行第一次發酵約 20 分鐘。

POINT 這裡使用尺寸為 32.5×35.3×10cm 的發酵盒。

❿ 從上、下、左、右摺疊麵團。

⓫ 放入 8℃冰箱中,進行低溫發酵 12～15 小時。

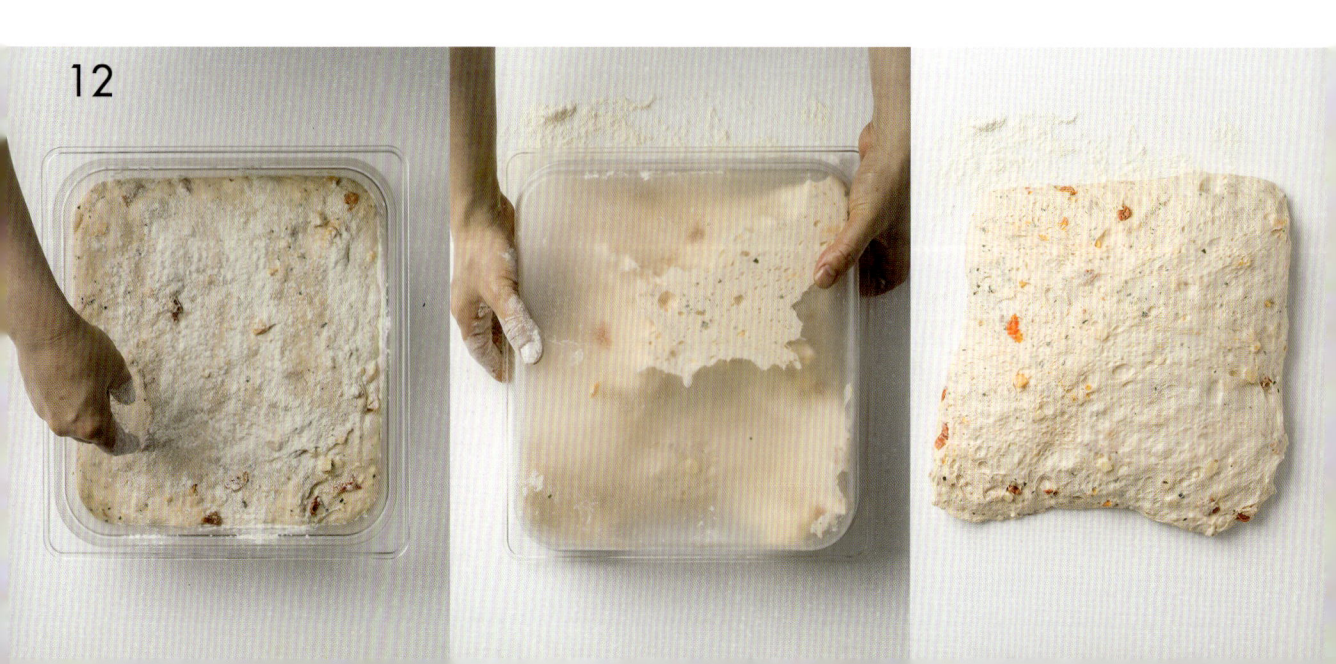

⓬ 將麵團移至室溫，待溫度回到 16℃ 時，移到工作檯上。

POINT 為了防止沾黏，請先在麵團上及工作檯面撒手粉，再移動麵團。當麵團溫度回到 16℃ 時即可開始操作，只要在 20℃ 以下都能製作出佛卡夏。

⓭ 將麵團分割成每塊 250g。

⓮ 用手輕柔地滾圓。

POINT 因為要製作貝果形狀的佛卡夏，所以在這裡的預整形操作是將麵團弄成圓形，若是要製作長條的佛卡夏，可以弄成橢圓形。

⑮ 在烤盤上塗抹手粉後,放上麵團。接著放入 27℃ －75%的發酵箱中靜置約 30 分鐘。

⑯ 將麵團移至鋪好烤盤布的木板上,並在麵團上均勻塗抹橄欖油。

⑰ 用手戳入麵團中央,製作一個孔洞。

POINT 中間孔洞如果太小,烘烤時可能會因為烘焙漲力的作用而消失,因此,孔洞最好做得大一點。

⑱ 把孔洞稍微拉大,做成環形。

⑲ 依序擺放切半的小番茄。

POINT 小番茄要輕壓入麵團中,以防在烘烤過程中掉落。

⑳ 灑上橄欖油。

㉑ 再撒上綜合義大利香草。

㉒ 最後撒上帕馬森起司絲後,放入 27℃ －75%的發酵箱中進行第二次發酵約 30 分鐘。

㉓ 將麵團放入烤箱,溫度設為上火 250℃、下火 220℃,並在注入蒸汽約 3～4 秒後,烘烤 12 分鐘。

POINT ● 此處使用的是歐式層次烤箱。若是使用旋風烤箱,將麵團放入預熱至 250℃ 的烤箱中,並在注入蒸汽 3 次(共 4 秒)後,調降至 190℃,烘烤 13 分鐘。

● 在烘烤出爐的佛卡夏表面塗上橄欖油。

04
SPINACH & EDAM CHEESE FOCACCIA

菠菜艾登起司佛卡夏

營養豐富的菠菜加上具有特殊風味的艾登起司，光是這樣就夠美味了。餡料中還添加了青陽辣椒，獨特的辣味與起司的濃醇味均衡地融合，形成微鹹、微辣又帶有清爽感的溫潤滋味。辣味也為容易感到平淡的菠菜味增添亮點。

義大利種 ／ 第一次低溫發酵（8℃）

16×10cm 約10個

DECK 260℃／220℃ 7分鐘

CONVECTION 250℃ → 210℃ 7分鐘

Process

- 準備義大利種
→ 攪拌主麵團（麵團最終溫度 24～25℃）
→ 第一次發酵（25℃－75%－20分鐘）
→ 摺疊
→ 第一次低溫發酵（8℃－12～15小時）
→ 回溫至 16℃
→ 分割
→ 整形
→ 第二次發酵（25℃－75%－20分鐘）
→ 烘烤

Ingredients

義大利種（參考 P.108）

佛卡夏專用麵粉（Molino DallaGiovanna）	600g
酵母（燕子牌半乾酵母紅裝）	2g
水	318g
TOTAL	**920g**

主麵團

義大利種	全部的量
佛卡夏專用麵粉（Molino DallaGiovanna）	200g
高筋麵粉	200g
酵母（燕子牌半乾酵母紅裝）	1g
水（30℃）	380g
鹽	18g
調節水	140g
橄欖油	70g
TOTAL	**1929g**

餡料

菠菜	160g
艾登起司片	120g
帕馬森起司絲	60g
蔓越莓乾	80g
青陽辣椒	30g

SPINACH & EDAM CHEESE FOCACCIA

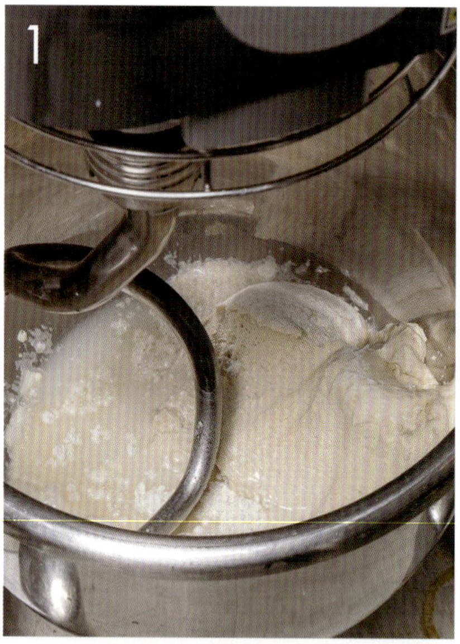
1

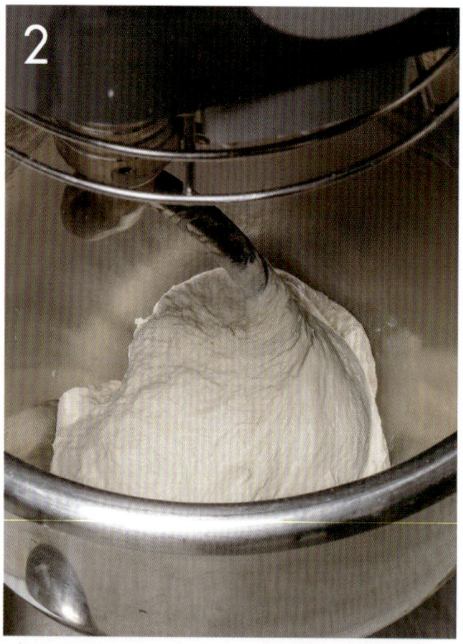
2

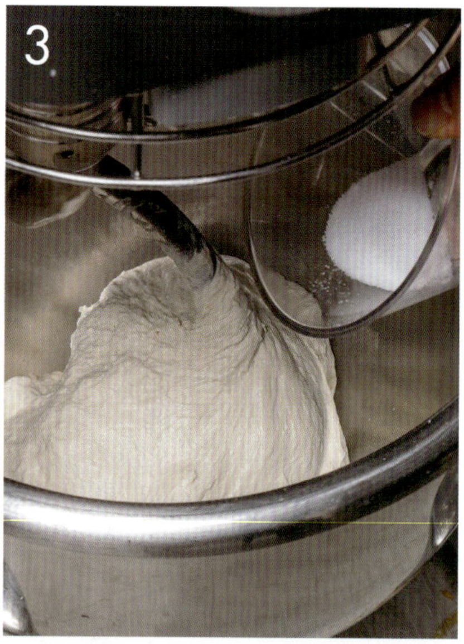
3

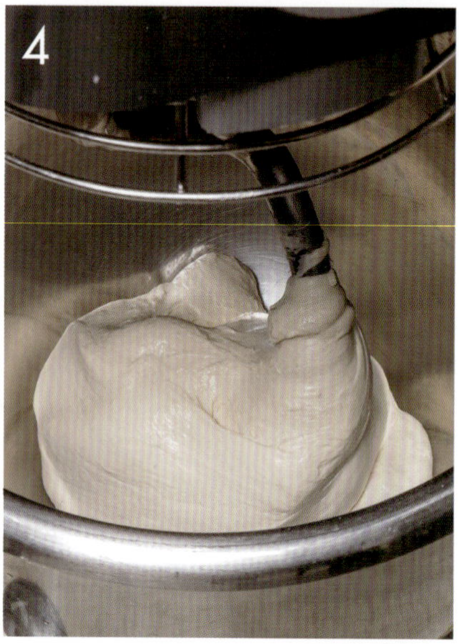
4

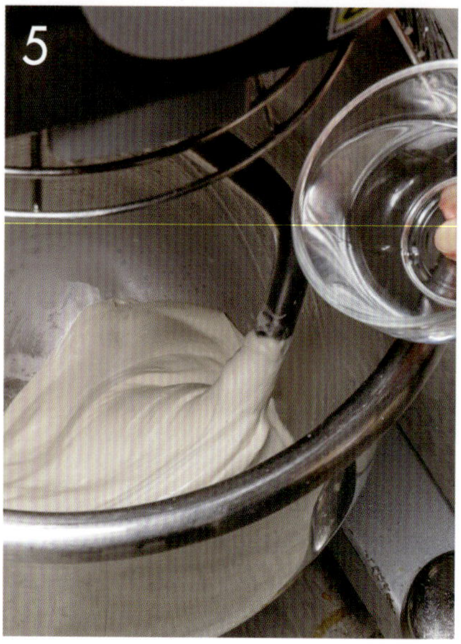
5

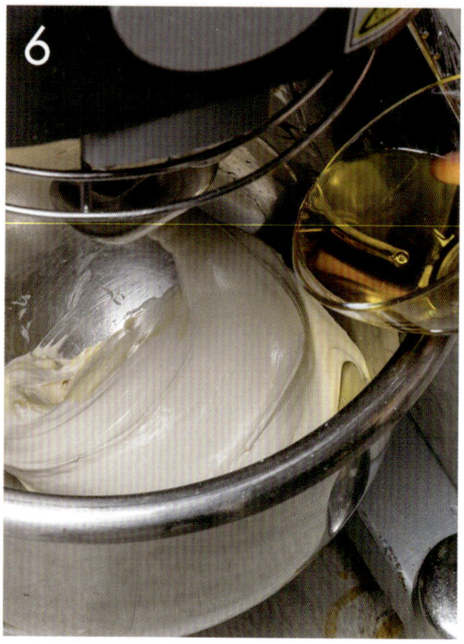
6

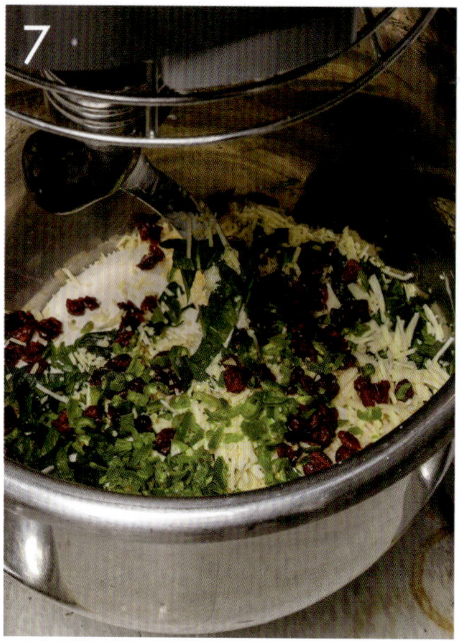
7

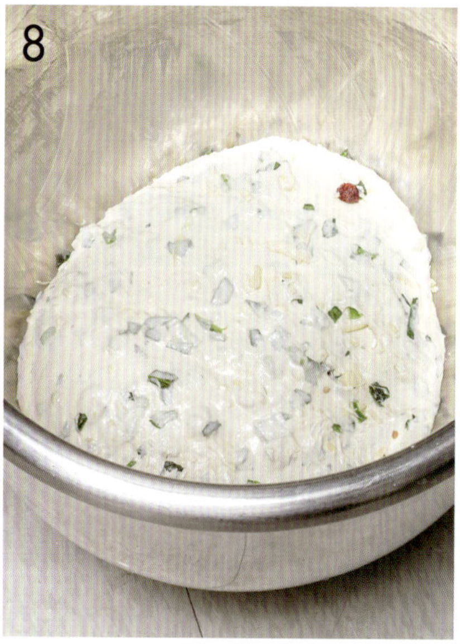
8

How to make

主麵團

❶ 將義大利種、佛卡夏專用麵粉、高筋麵粉、酵母和水放入攪拌盆中。

POINT 酵母在 30～35℃ 時最活躍。若使用冰水或熱水，可能會令一部分酵母死亡，因此水的溫度極為重要。

❷ 以慢速（約 3 分鐘）－中速（約 1 分鐘）進行攪拌。

❸ 當麵團中完全沒有水、產生一定的彈性時就加鹽。

❹ 以慢速（約 1 分鐘）－中速（約 3 分鐘）進行攪拌。

❺ 當麵團不再黏著盆底時，緩緩地加入 140g 的調節水並持續攪拌 3～4 分鐘。

POINT
　● 調節水不要全部一口氣加完，而是一邊確認麵團是否成型一邊少量加入。每 1000g 麵粉，一次不加超過 20g 的水。因此，140g 的水至少要分七次加，讓麵團逐漸水合。

　● 一旦更換麵粉或工作環境，調節水的用量就需要隨之增加或減少，所以得經常檢查麵團的狀態來調整水量。

❻ 待調節水全部被麵團吸收後，一邊緩緩地倒入橄欖油，一邊攪拌約 3 分鐘。

POINT 將橄欖油倒在攪拌盆的壁面，使其緩慢地流入麵團中，並且攪拌到橄欖油都被麵團吸收為止。

❼ 待橄欖油全部被麵團吸收後，放入處理好的餡料，輕柔地攪拌。

POINT 將菠菜和青陽辣椒切成適當大小，艾登起司片沾點麵粉後切成三等分（起司沾麵粉能防止彼此相黏）。

❽ 麵團的理想最終溫度為 24～25℃，此時會呈現光滑又有光澤的狀態。

POINT 假如最終麵團的溫度更低或更高，發酵時間就需要延長或縮短。因此，攪拌結束後確認溫度是一項重要程序，才能在低溫發酵後得到理想的製品。

How to make

❾ 將麵團移到塗好橄欖油的發酵盒中,然後放入 25℃－75%的發酵箱中,進行第一次發酵約 20 分鐘。

POINT 這裡使用尺寸為 32.5×35.3×10cm 的發酵盒。

❿ 從上、下、左、右摺疊麵團。

⓫ 放入 8℃冰箱中,進行低溫發酵 12～15 小時。

❷ 將麵團移至室溫，待溫度回到 16℃ 時，移到工作檯上。

POINT 為了防止沾黏，請先在麵團上及工作檯面撒手粉，再移動麵團。當麵團溫度回到 16℃ 時即可開始操作，只要在 20℃ 以下都能製作出佛卡夏。

❸ 在麵團上撒手粉。

POINT 把粗粒小麥粉與高筋麵粉以一比一的比例混合，作為手粉使用。也可以用玉米粉。

❹ 把麵團整形成 50×32cm 的長方形。

❺ 切成十等分，每塊大小為 16×10cm。

POINT 也可以切成其他想要的形狀。如果把麵團切成長條狀後捲成麻花捲，就能做出比較厚實但很鬆軟的口感。

❻ 將分割完成的麵團放到鋪好烤盤布的木板上,接著在麵團內劃三刀左右,並且把洞拉大、整體略拉長,完成整型。

❼ 將麵團置於 25℃ －75%的發酵箱中,進行第二次發酵約 20 分鐘,然後放入烤箱,溫度設為上火 260℃、下火 220℃,並在注入蒸汽約 3～4 秒後,烘烤 7 分鐘。

POINT 此處使用的是歐式層次烤箱。若是使用旋風烤箱,將麵團放入預熱至 250℃ 的烤箱中,並在注入蒸汽 3 次(共 4 秒)後,調降至 210℃,烘烤 7 分鐘。

SPINACH & EDAM CHEESE FOCACCIA

05
POTATO & OLIVE FOCACCIA

馬鈴薯橄欖佛卡夏

身為麵包師，總有一些自己喜歡到掙扎要不要公開的配方，這款佛卡夏就是其中之一。它也是我在準備這本書、研發全新風味時印象最深刻的食譜，其美味程度甚至讓人感動到想要大叫。從麵團本身能嘗到馬鈴薯的清新風味及鬆軟口感；插在麵團上的馬鈴薯薄片則酥脆得彷彿洋芋片，無論是風味和口感都相當有趣！

| 義大利種 | 第一次低溫發酵（8℃） | 250g 約11個 | DECK 250℃／220℃ 15分鐘 | CONVECTION 250℃ → 200℃ 14分鐘 |

Process

準備義大利種
→ 攪拌主麵團（麵團最終溫度 24～25℃）
→ 第一次發酵（25℃ －75％－20 分鐘）
→ 摺疊
→ 第一次低溫發酵（8℃ －12～15 小時）
→ 回溫至 16℃
→ 分割（250g）
→ 靜置（27℃ －75％－40 分鐘）
→ 整形
→ 擺上配料
→ 第二次發酵（25℃ －75％－20 分鐘）
→ 烘烤

Ingredients

義大利種（參考 P.108）

佛卡夏專用麵粉（Molino DallaGiovanna）	600g
酵母（燕子牌半乾酵母紅裝）	2g
水	318g
TOTAL	920g

主麵團

義大利種	全部的量
佛卡夏專用麵粉（Molino DallaGiovanna）	200g
高筋麵粉	200g
酵母（燕子牌半乾酵母紅裝）	1g
水（30℃）	380g
鹽	18g
調節水	140g
新鮮迷迭香	2g
烤馬鈴薯（或蒸馬鈴薯）	250g
橄欖油	70g
TOTAL	2181g

烤馬鈴薯（參考 P.156）

馬鈴薯	300g
橄欖油	20g
胡椒	0.6g
鹽	1g

餡料

烤馬鈴薯	全部的量
高達起司	150g
黑橄欖	150g

配料 馬鈴薯、綜合義大利香草、格拉納帕達諾起司粉、乾辣椒片 適量

POTATO & OLIVE FOCACCIA

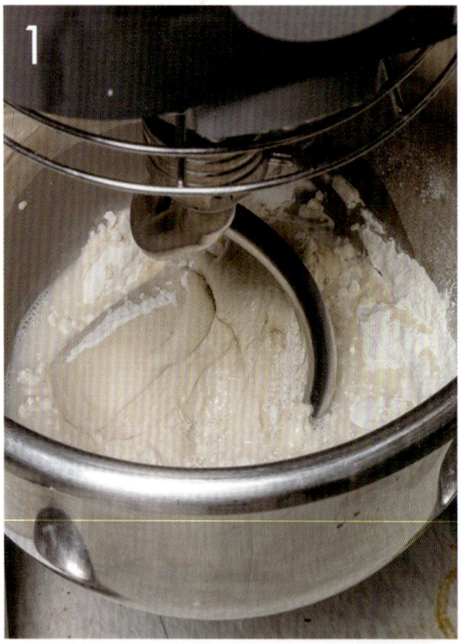
1
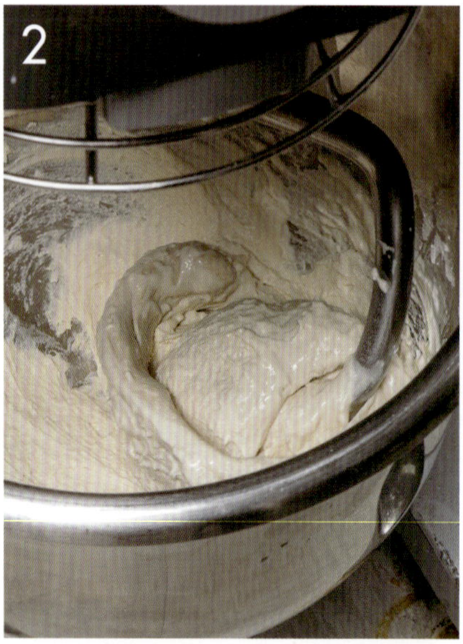
2
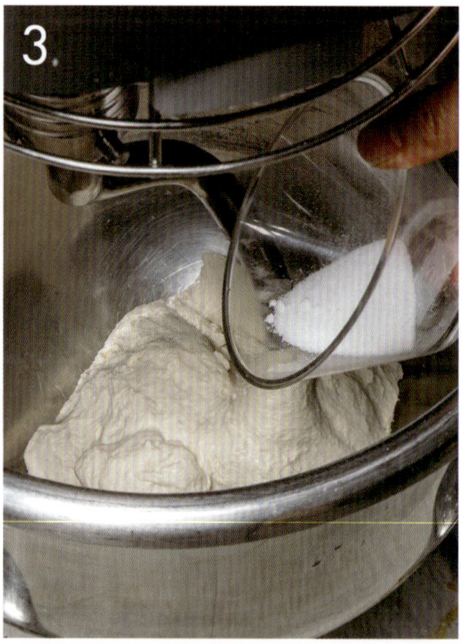
3
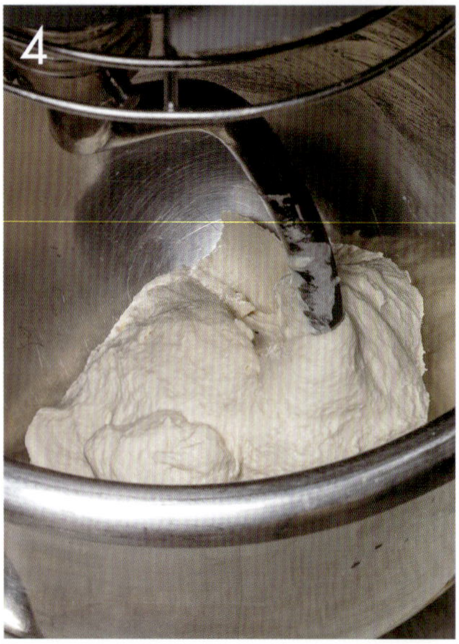
4
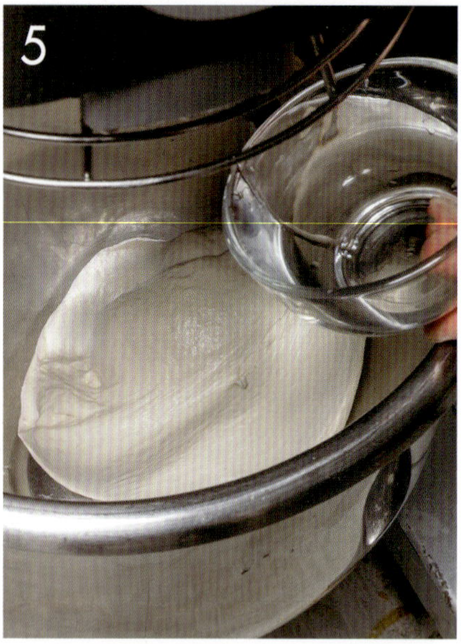
5
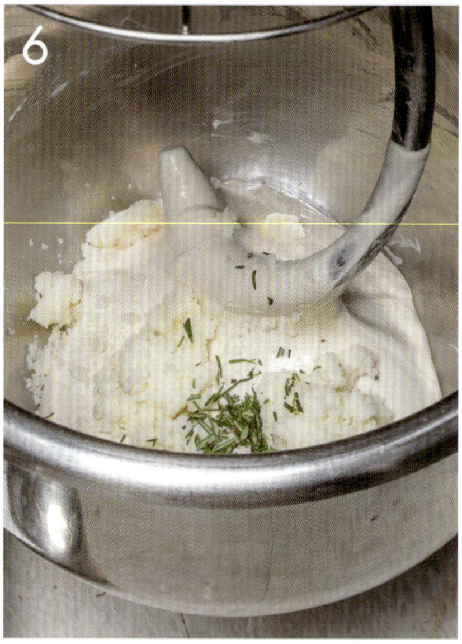
6
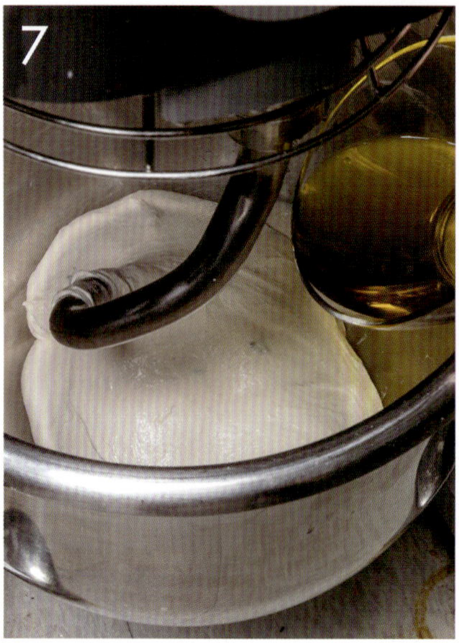
7
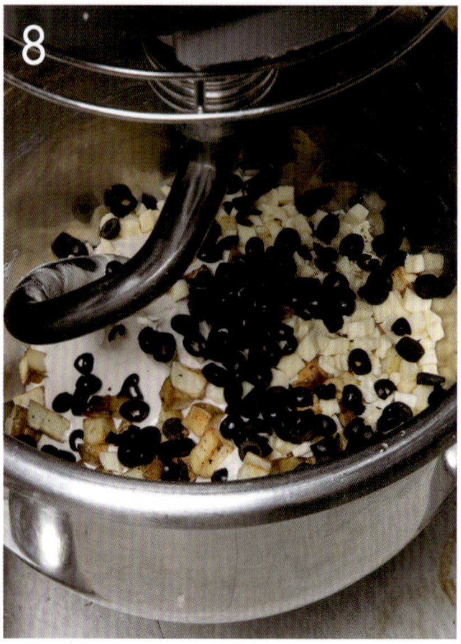
8
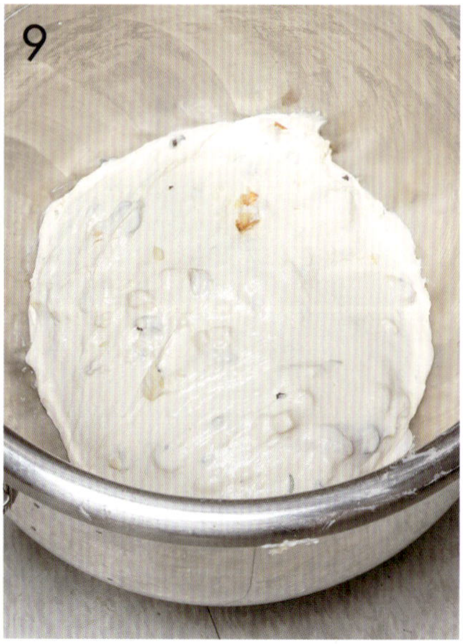
9

How to make

主麵團	❶ 將義大利種、佛卡夏專用麵粉、高筋麵粉、酵母和水放入攪拌盆中。
	POINT 酵母在 30～35℃ 時最活躍。若使用冰水或熱水，可能會令一部分酵母死亡，因此水的溫度極為重要。
	❷ 以慢速（約 3 分鐘）－中速（約 1 分鐘）進行攪拌。
	❸ 當麵團中完全沒有水、產生一定的彈性時就加鹽。
	❹ 以慢速（約 1 分鐘）－中速（約 3 分鐘）進行攪拌。
	❺ 當麵團不再黏著盆底時，緩緩地加入 140g 的調節水並持續攪拌 3～4 分鐘。
	POINT ● 調節水不要全部一口氣加完，而是一邊確認麵團是否成型一邊少量加入。每 1000g 麵粉，一次不加超過 20g 的水。因此，140g 的水至少要分七次加，讓麵團逐漸水合。
	● 一旦更換麵粉或工作環境，調節水的用量就需要隨之增加或減少，所以得經常檢查麵團的狀態來調整水量。
	❻ 待調節水全部被麵團吸收後，加入新鮮迷迭香和烤馬鈴薯（或蒸馬鈴薯）並攪拌。
	❼ 充分攪勻新鮮迷迭香和烤馬鈴薯後，一邊緩緩地倒入橄欖油，一邊攪拌約 3 分鐘。
	POINT 將橄欖油倒在攪拌盆的壁面，使其緩慢地流入麵團中，並且攪拌到橄欖油全部被麵團吸收為止。
	❽ 經過充分的水合，麵團呈現光滑又有光澤的狀態時，放入餡料並輕柔地攪拌。
	POINT 高達起司需切成適當大小再使用。
	❾ 麵團的理想最終溫度為 24～25℃，此時會呈現光滑又有光澤的狀態。
	POINT 假如最終麵團的溫度更低或更高，發酵時間就需要延長或縮短。因此，攪拌結束後確認溫度是一項重要程序，才能在低溫發酵後得到理想的製品。

How to make

⓵ 將麵團移到塗好橄欖油的發酵盒中,然後放入 25℃－75%的發酵箱中,進行第一次發酵約 20 分鐘。

POINT 這裡使用尺寸為 32.5×35.3×10cm 的發酵盒。

⓫ 從上、下、左、右摺疊麵團。

⓬ 放入 8℃冰箱中,進行低溫發酵 12～15 小時。

12

⓭ 將麵團移至室溫，待溫度回到 16℃ 時，移到工作檯上。

POINT 為了防止沾黏，請先撒手粉在麵團上以及工作檯面，再移動麵團。當麵團溫度回到 16℃ 時即可開始操作，只要在 20℃ 以下都能製作出佛卡夏。

⓮ 將麵團分割成每塊 250g。

⓯ 輕柔地將麵團滾圓。

POINT 若是想製作成橢圓形的佛卡夏，在預整形階段就要弄成橢圓形。

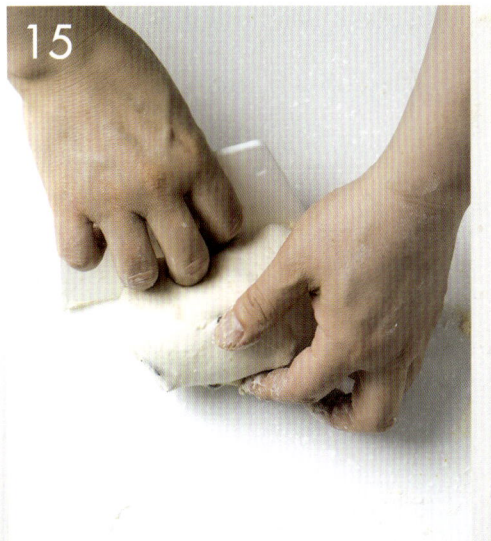

14　　**15**

16   將麵團放到鋪好烤盤布的木板上。

POINT   這裡使用鐵氟龍烤盤布代替鐵盤的理由在於，鐵氟龍烤盤布可以將烤箱的熱能更快地直接傳導至麵團，提高烘焙漲力。如果要放在鐵盤上烘烤也可以，但須將烘烤溫度設得比放在烤盤布上時高出 10～20℃。

17   靜置於 27℃ －75% 的發酵箱中約 40 分鐘。

18   在麵團上塗抹橄欖油。

19   利用手指將麵團自然推展。

20   將 2 片切成薄片的馬鈴薯相疊後捲起來，並插進麵團裡固定。

POINT   馬鈴薯要先用刨刀切成薄片，但如果太早切開，會發生褐變，因此快要用到時再準備即可。

21   均勻地灑上橄欖油。

㉒　再撒綜合義大利香草。

POINT　可以改用跟馬鈴薯也很搭的迷迭香來取代。

㉓　接著撒格拉納帕達諾起司粉。

㉔　最後撒上乾辣椒片。

POINT　若不吃辣，或是喜歡比較清淡的馬鈴薯風味，可以跳過此步驟。

㉕　將麵團置於 25℃－75% 的發酵箱中，進行第二次發酵約 20 分鐘，然後放入烤箱，溫度設為上火 250℃、下火 220℃，並在注入蒸汽約 3～4 秒後，烘烤 15 分鐘。

POINT
● 此處使用的是歐式層次烤箱。若是使用旋風烤箱，將麵團放入預熱至 250℃ 的烤箱中，並在注入蒸汽 3 次（共 4 秒）後，調降至 200℃，烘烤 14 分鐘。
● 在烘烤出爐的佛卡夏表面塗上橄欖油。

將佛卡夏麵團
整形成圓形

How to make　馬鈴薯配料

將馬鈴薯用刨刀切薄片後,取 2 片相疊並捲起來,再插進麵團裡。像這樣切成薄片再烘烤,就會帶來更加酥脆的口感。

"
可依喜好撒乾辣椒片，
增添香辣的滋味。
"

POTATO & OLIVE FOCACCIA

How to make 烤馬鈴薯

❶ 馬鈴薯洗淨後瀝乾水分，並切成 1cm 大小的塊狀。

POINT 馬鈴薯帶皮一起切。

❷ 加入橄欖油並攪拌均勻。

❸ 再加入胡椒並攪拌均勻。

❹ 將馬鈴薯塊分散放在鋪好烘焙紙的烤盤上。

❺ 均勻地撒鹽，進行調味。

❻ 烤箱預熱至 220℃ 後，放入馬鈴薯烤約 7 分鐘，烤完後取出放涼備用。

POINT 馬鈴薯也可以先用鹽水煮過，但一定要經過烤箱烘烤，才能帶來香脆的口感。此外，因為烤箱可以一次大量生產，對於麵包店、餐廳等相當方便。

POTATO & OLIVE FOCACCIA

FOCA

01. 當日生產的室溫發酵佛卡夏　　　　　160
　• 橢圓形的室溫發酵佛卡夏　　　　　166
02. 比較兩種溫度的低溫發酵佛卡夏　　　168
　• 直接在烤盤進行低溫發酵的佛卡夏　175
03. 杜蘭小麥佛卡夏　　　　　　　　　　176
04. 洋蔥橄欖佛卡夏　　　　　　　　　　184
05. 義式紅醬肉腸佛卡夏　　　　　　　　192

CCIA

PART 7

結合水解法 &
義大利種
製作佛卡夏

01
QUICK PRODUCTION CLASSIC FOCACCIA

當日生產的室溫發酵佛卡夏

有別於前述的內容,這裡要介紹一種以室溫發酵、當日即可烘焙完成的佛卡夏。使用當日生產流程製成的佛卡夏,雖然風味不如經長時間低溫發酵製成的佛卡夏,但口感更輕盈且鬆軟,也能充分展現其獨特之處。此外,如果想將低溫發酵的配方改成當日生產的配方,參考此食譜製作也是一個很好的練習。

- 水解法
- 義大利種
- 室溫發酵 當日生產

33.5×36.5×5cm 烤盤 2 個

DECK 250℃／210℃ 15 分鐘

CONVECTION 250℃ → 210℃ 15 分鐘

Process

準備義大利種

準備水解麵團

→ 攪拌主麵團（麵團最終溫度 23～25℃）
→ 第一次發酵①（27℃－75%－30 分鐘）
→ 摺疊
→ 第一次發酵②（27℃－75%－90 分鐘）
→ 麵團放入烤盤
→ 整形
→ 靜置（27℃－75%－30 分鐘）
→ 第二次發酵（28℃－75%－30 分鐘）
→ 撒配料
→ 烘烤

Ingredients

水解麵團（參考 P.76）

高筋麵粉	800g
低筋麵粉	200g
水	700g
TOTAL	1700g

義大利種（參考 P.108）

高筋麵粉	1000g
酵母（燕子牌半乾酵母紅裝）	3g
水	550g
鹽	15g
TOTAL	1568g

主麵團

水解麵團	全部的量
義大利種	300g
麥芽精	5g
水（30℃）	15g
酵母（燕子牌半乾酵母紅裝）	3g
鹽	19g
調節水	140g
橄欖油	70g
TOTAL	2252g

配料　格拉納帕達諾起司粉 適量

QUICK PRODUCTION CLASSIC FOCACCIA

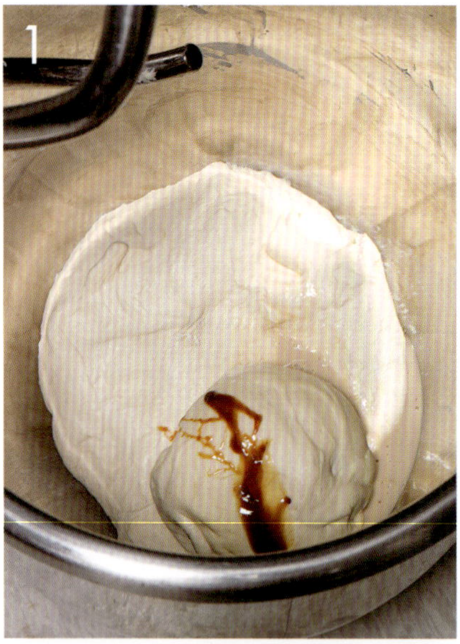
1

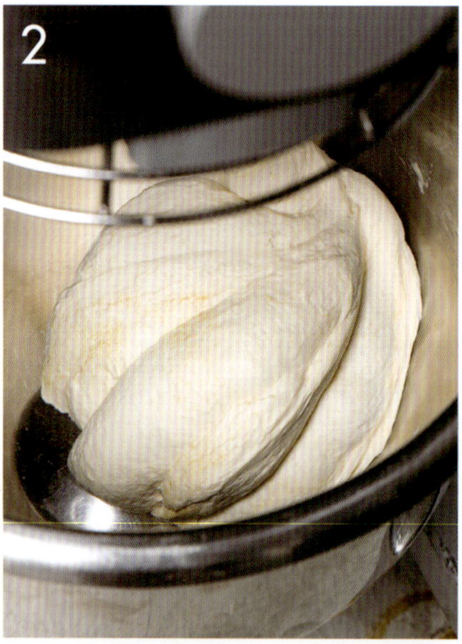
2

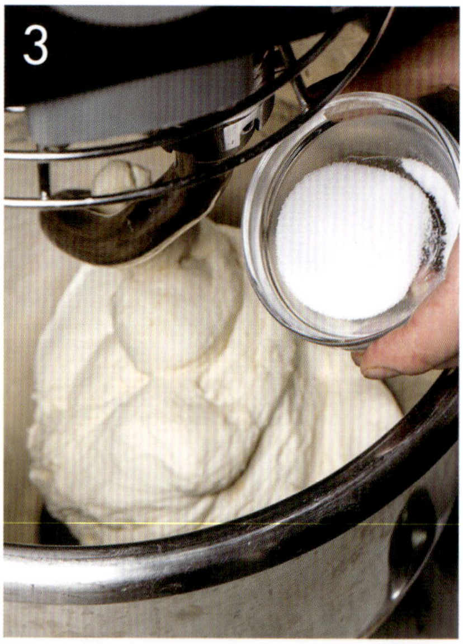
3

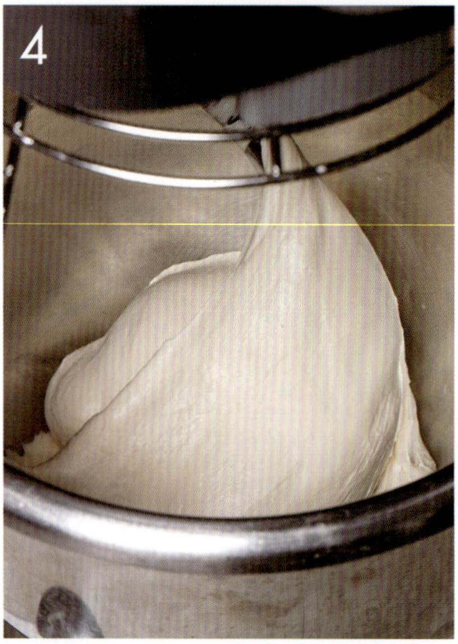
4

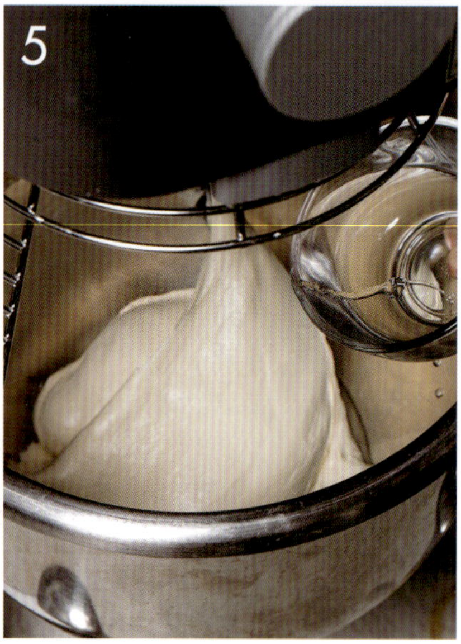
5

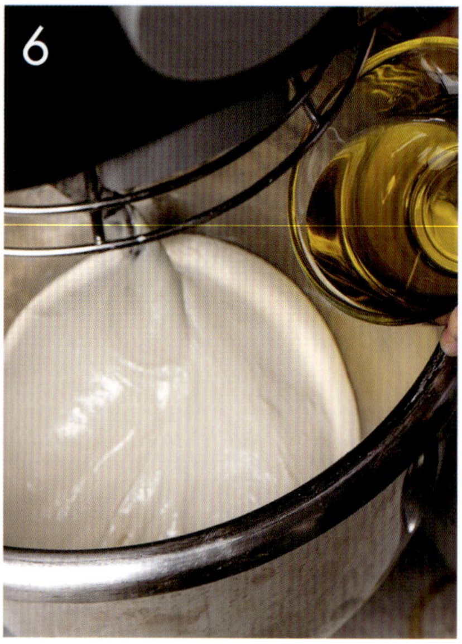
6

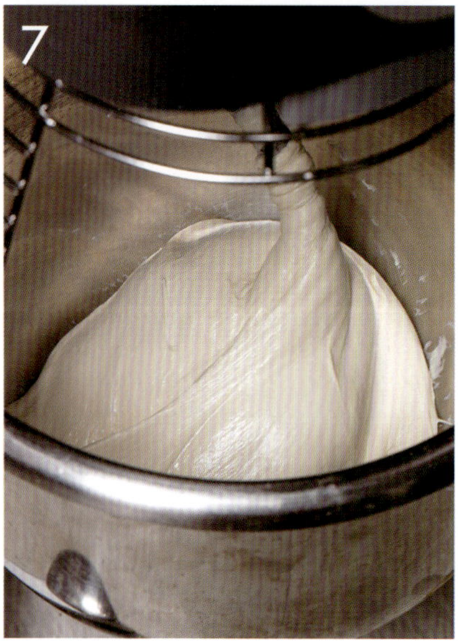
7

How to make

主麵團

❶ 將水解麵團、義大利種、麥芽精、水和酵母放入攪拌盆中。

POINT 酵母在 30～35℃時最活躍。若使用冰水或熱水，可能會令一部分酵母死亡，因此水的溫度極為重要。

❷ 以慢速（約 3 分鐘）－中速（約 1 分鐘）進行攪拌。

❸ 當麵團中完全沒有水、產生一定的彈性時就加鹽。

❹ 以慢速（約 1 分鐘）－中速（約 1 分鐘）進行攪拌。

❺ 當麵團不再黏著盆底時，緩緩地加入 140g 的調節水並持續攪拌 3～4 分鐘。

POINT
● 調節水不要全部一口氣加完，而是一邊確認麵團是否成型一邊少量加入。每 1000g 麵粉，一次不加超過 20g 的水。因此，140g 的水至少要分七次加，讓麵團逐漸水合。

● 一旦更換麵粉或工作環境，調節水的用量就需要隨之增加或減少，所以得經常檢查麵團的狀態來調整水量。

❻ 待調節水全部被麵團吸收後，一邊緩緩地倒入橄欖油，一邊攪拌約 3 分鐘。

POINT 將橄欖油倒在攪拌盆的壁面，使其緩慢地流入麵團中。待橄欖油全部被麵團吸收後，就可以結束攪拌。

❼ 麵團的理想最終溫度為 23～25℃，此時會呈現光滑又有光澤的狀態。

POINT 假如最終麵團的溫度更低或更高，發酵時間就需要延長或縮短。因此，攪拌結束後確認溫度是一項重要程序，才能在低溫發酵後得到理想的製品。

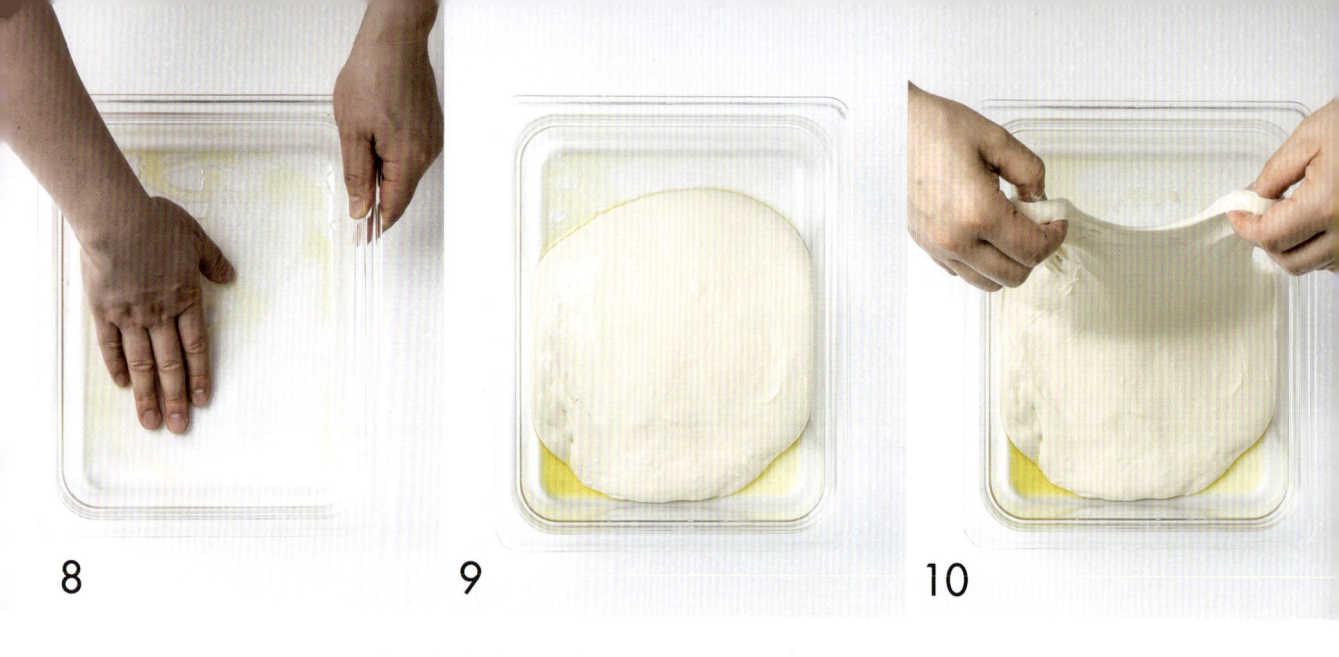

How to make

❽ 在發酵盒內側塗抹橄欖油。

POINT 這裡使用尺寸為 26.5×32.5×10cm 的發酵盒。

❾ 將麵團均分成兩半後移到兩個發酵盒中，然後放入 27℃－75%的發酵箱中，進行第一次發酵約 30 分鐘。

❿ 從上、下、左、右摺疊麵團。

⓫ 置於 27℃－75%的發酵箱中，進行追加發酵約 90 分鐘。

⓬ 將麵團移到塗好橄欖油的烤盤上。

POINT 這裡使用尺寸為 33.5×36.5×5cm 的烤盤兩個。

⓭ 在麵團上灑橄欖油後，用手均勻塗抹。

⓮ 用手指在麵團上平均間隔地按壓，讓麵團均勻地平鋪在整個烤盤內，然後放入 27℃－75%發酵箱中靜置約 30 分鐘。

⑮ 再次利用手指將麵團自然推平到符合烤盤大小，然後放入 28℃ －75%的發酵箱中進行第二次發酵約 30 分鐘。

⑯ 撒上格拉納帕達諾起司粉。

POINT 隨著配料的不同，能夠變化出各種風味。如果不撒起司粉，改用鹽水（依烤盤的大小推展麵團時，可以手沾點鹽水來操作），佛卡夏的味道就會比較清淡；如果放的是起司絲（如帕馬森起司絲、艾曼塔起司絲等），品嘗起來就會帶有起司的清香和鹹味，並具有酥脆口感。

⑰ 將麵團放入烤箱，溫度設為上火 250℃、下火 210℃，並在注入蒸汽約 3～4 秒後，烘烤 15 分鐘。

POINT
● 此處使用的是歐式層次烤箱。若是使用旋風烤箱，將麵團放入預熱至 250℃ 的烤箱中，並在注入蒸汽 3 次（共 4 秒）後，調降至 210℃，烘烤 15 分鐘。

● 如果烤箱的蒸汽功能是以%來設定（例如 UNOX 烤箱），就事先設定成 80%，在充滿濕氣時放入麵團，並在體積開始膨脹時調成 0%。

● 在烘烤出爐的佛卡夏表面塗上橄欖油。

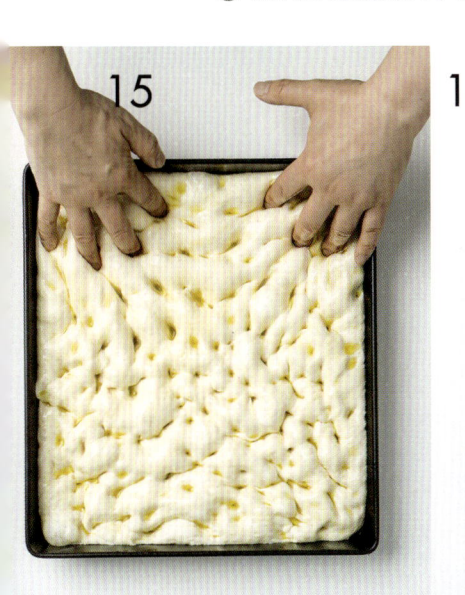

application

橢圓形的
室溫發酵佛卡夏

將佛卡夏麵團
整形成橢圓形

1. 完成第一次發酵後,將麵團放在工作檯上。
   - 在麵團表面以及工作檯面皆撒上手粉,再放上麵團。
2. 將麵團分割成每塊 250g。
3. 將麵團整形成橢圓形。
4. 在烤盤上撒手粉後放上麵團,接著放入 27℃ − 75%的發酵箱中,追加發酵約 70〜90 分鐘。
5. 在工作檯上撒手粉後再放上麵團。
   - 將高筋麵粉與粗粒小麥粉以一比一的比例混合,作為手粉使用,這樣操作起來會更加順手。
6. 利用手指將麵團自然推展。
7. 拿起整個麵團,輕輕抖掉手粉。
8. 將麵團移到鋪好烤盤布的木板上。
9. 在麵團上均勻地塗抹橄欖油。
10. 撒上格拉納帕達諾起司粉並放上新鮮迷迭香後,立即烘烤。
    - 若想得到更輕盈的口感,則放入 27℃ −75%發酵箱中發酵約 30 分鐘,再進入烘烤階段。
    - 若是使用歐式層次烤箱,將溫度設為上火 250℃、下火 210℃,並在注入蒸汽約 3〜4 秒後,烘烤 6〜7 分鐘。
    - 若是使用旋風烤箱,將麵團放入預熱至 250℃ 的烤箱中,並在注入蒸汽 3 次(共 4 秒)後,調降至 210℃,烘烤 6〜7 分鐘。
    - 如果烤箱的蒸汽功能是以%來設定(例如 UNOX 烤箱),就事先設定成 80%,並在充滿濕氣時放入麵團,接著在體積開始膨脹時將蒸汽調成 0%。
    - 在烘烤出爐的佛卡夏表面塗上橄欖油。

QUICK PRODUCTION CLASSIC FOCACCIA

166 – 167

02
LOW-TEMPERATURE FERMENATION FOCACCIA
COMPARED AT TWO TEMPERATURE

比較兩種溫度的低溫發酵佛卡夏

在低溫發酵製程中,「發酵的溫度」是影響麵團的最關鍵因素。在這裡會分成 4℃ 和 8℃ 來做比較。4℃ 是常見的冷藏溫度,因此一般家庭也能輕易適用這種發酵方法。酵母在 8℃ 下,不會完全停止活動,只是速度較緩慢,所以在發酵的 15 個小時裡,酵母仍會不間斷地起作用。因此,與 4℃(酵母幾乎不活動的溫度)發酵相比,會產生更多微生物,進而增添麵包的風味。

| 水解法 / 義大利種 | 第一次低溫發酵
(4℃ or 8℃) | 33.5×36.5×5cm
烤盤 2 個 | DECK
240℃/240℃
15 分鐘 | CONVECTION
250℃ → 210℃
15 分鐘 |

Ingredients

水解麵團 ●
(參考 P.76)

佛卡夏專用麵粉 (Molino DallaGiovanna)	800g
高筋麵粉	200g
水	700g
TOTAL	1700g

義大利種 ●
(參考 P.108)

高筋麵粉	1000g
酵母(燕子牌半乾酵母紅裝)	3g
水	550g
鹽	15g
TOTAL	1568g

主麵團

水解麵團 ●	全部的量
義大利種 ●	300g
麥芽精	5g
水(30℃)	15g
酵母(燕子牌半乾酵母紅裝)	3g
鹽	19g
調節水	140g
橄欖油	70g
TOTAL	2252g

配料

迷迭香、格拉納帕達諾起司粉 適量

4°C 低溫發酵

Process

準備義大利種

準備水解麵團

→ 攪拌主麵團（麵團最終溫度 23～25°C）

→ 第一次發酵（27°C－75%－**40 分鐘**）

→ 摺疊

→ 第一次低溫發酵（**4°C**－12～15 小時）

→ 回溫至 16°C

→ 麵團放入烤盤

→ 整形（麵團最終溫度 27°C）

→ 靜置（27°C－75%－30 分鐘）

→ 第二次發酵（28°C－75%－50 分鐘）

→ 撒配料

→ 烘烤

8°C 低溫發酵

Process

準備義大利種

準備水解麵團

→ 攪拌主麵團（麵團最終溫度 23～25°C）

→ 第一次發酵（27°C－75%－**20 分鐘**）

→ 摺疊

→ 第一次低溫發酵（**8°C**－12～15 小時）

→ 回溫至 16°C

→ 麵團放入烤盤

→ 整形（麵團最終溫度 27°C）

→ 靜置（27°C－75%－30 分鐘）

→ 第二次發酵（28°C－75%－50 分鐘）

→ 撒配料

→ 烘烤

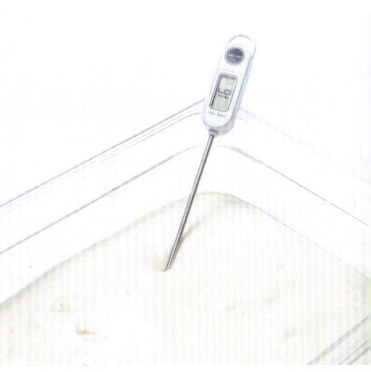

低溫發酵之後的程序皆相同，務必待麵團溫度恢復到 16°C 後再操作。

- 在進入低溫發酵前，麵團的狀態取決於在室溫（25～27°C）下發酵的程度。
- 下方為麵團在溫度 27°C、濕度 75%的條件下，分別發酵 40 分鐘和 20 分鐘，並用相同方式進行摺疊之後，在 8°C 下低溫發酵 15 小時後的狀態。從結果可以得知，「即使製作條件相同，但麵團的發酵情形仍會隨室溫發酵的時間而改變」，銘記這一點，才能制定出周全的麵包產製計畫。

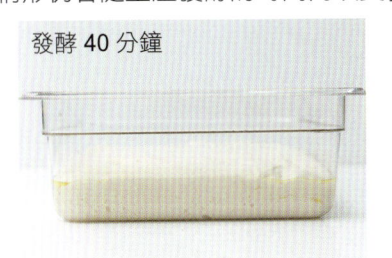

發酵 40 分鐘

於 27°C－75%發酵 **40 分鐘** → 摺疊 → 經過 15 小時 8°C 低溫發酵後的狀態

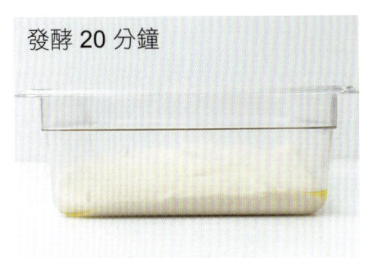

發酵 20 分鐘

於 27°C－75%發酵 **20 分鐘** → 摺疊 → 經過 15 小時 8°C 低溫發酵後的狀態

- 在最上方的製程比較表中，兩者的低溫發酵溫度不同，分別為 4°C 和 8°C，因此，室溫發酵的時間也不同（一個為 40 分鐘、另一個為 20 分鐘），這樣的差異也可以用同個概念來理解。

LOW-TEMPERATURE FERMENATION FOCACCIA

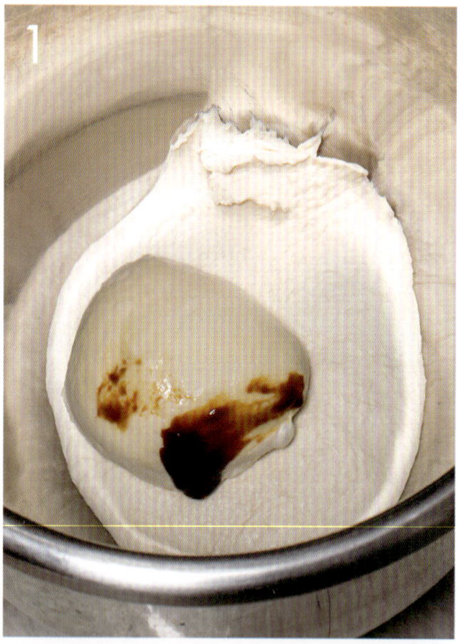
1

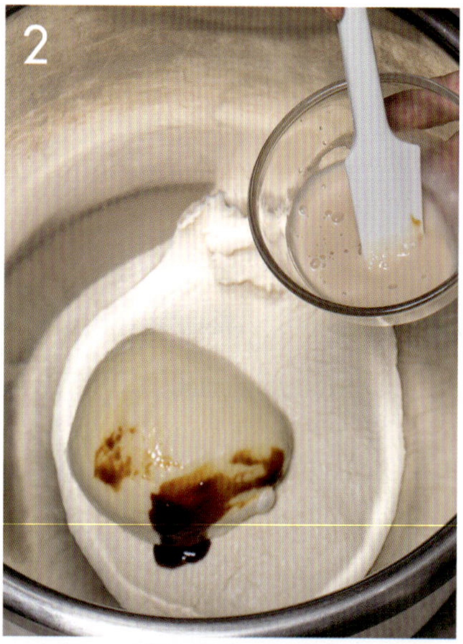
2

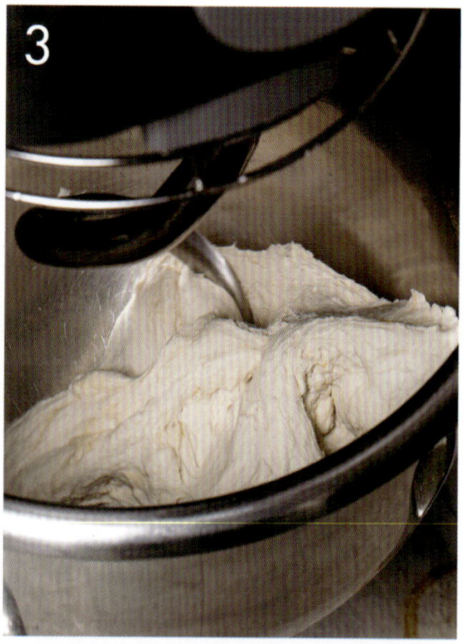
3

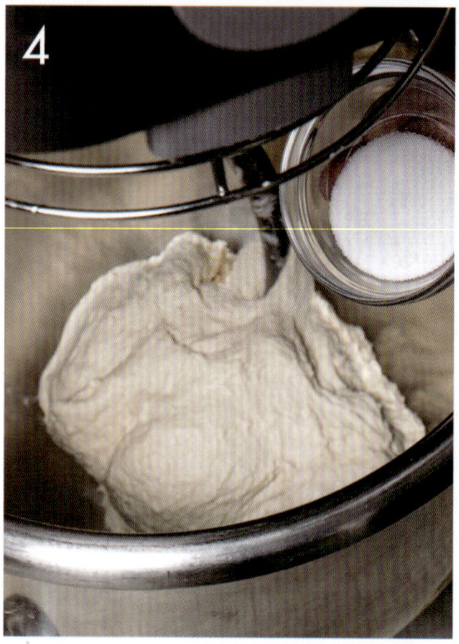
4

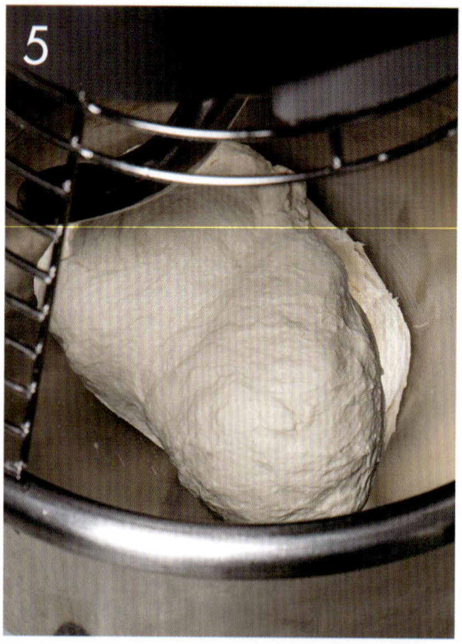
5

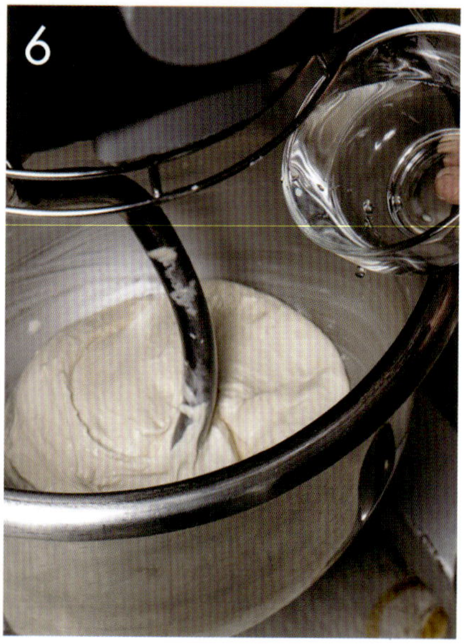
6

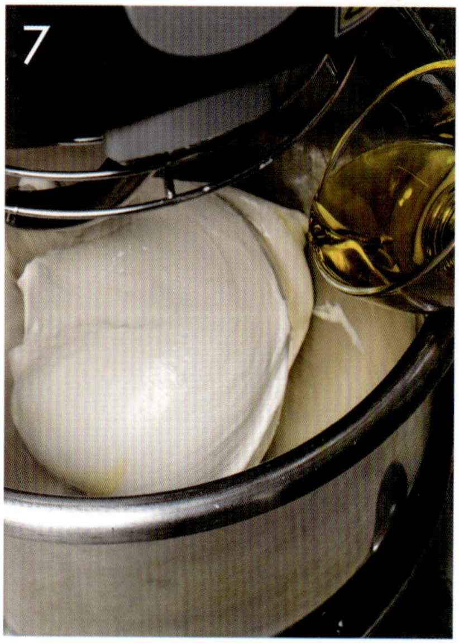
7

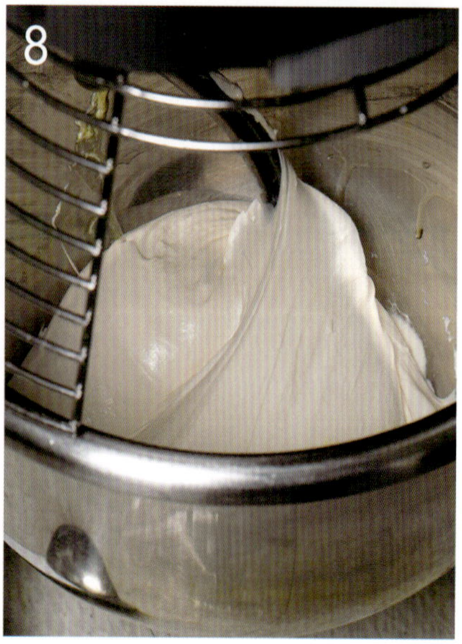
8

How to make

主麵團

❶ 將水解麵團、義大利種和麥芽精放入攪拌盆中。

❷ 將酵母倒入 30℃ 的水中充分攪拌後，加進攪拌盆中。

POINT 酵母在 30～35℃ 時最活躍。若使用冰水或熱水，可能會令一部分酵母死亡，因此水的溫度極為重要。

❸ 以慢速（約 3 分鐘）－中速（約 1 分鐘）進行攪拌。

❹ 當麵團中完全沒有水、產生一定的彈性時就加鹽。

❺ 以慢速（約 1 分鐘）－中速（約 1 分鐘）進行攪拌。

❻ 當麵團不再黏著盆底時，緩緩地加入 140g 的調節水並持續攪拌 3～4 分鐘。

POINT ● 調節水不要全部一口氣加完，而是一邊確認麵團是否成型一邊少量加入。每 1000g 麵粉，一次不加超過 20g 的水。因此，140g 的水至少要分七次加，讓麵團逐漸水合。

● 一旦更換麵粉或工作環境，調節水的用量就需要隨之增加或減少，所以得經常檢查麵團的狀態來調整水量。

❼ 待調節水全部被麵團吸收後，一邊緩緩地倒入橄欖油，一邊攪拌約 3 分鐘。

POINT 將橄欖油倒在攪拌盆的壁面，使其緩慢地流入麵團中。待橄欖油全部被麵團吸收後，就可以結束攪拌。

❽ 麵團的理想最終溫度為 23～25℃，此時會呈現光滑又有光澤的狀態。

POINT 假如最終麵團的溫度更低或更高，發酵時間就需要延長或縮短。因此，攪拌結束後確認溫度是一項重要程序，才能在低溫發酵後得到理想的製品。

9

10

How to make
（以 8℃低溫發酵來說明）

❾ 將麵團分成兩等分後，移到塗好橄欖油的兩個發酵盒中，然後放入 27℃－75%的發酵箱中，進行第一次發酵約 20 分鐘。

POINT 這裡使用尺寸為 26.5×32.5×10cm 的發酵盒。

❿ 從上、下、左、右摺疊麵團。

⓫ 放入 8℃冰箱中，進行低溫發酵 12～15 小時。

⓬ 將麵團移至室溫，待溫度回到 16℃時，移到塗好橄欖油的烤盤上。

POINT ● 這裡使用尺寸為 33.5×36.5×5cm 的烤盤兩個。
　　　　● 當麵團溫度回到 16℃時即可開始操作，只要在 20℃以下都能製作出佛卡夏。

⓭ 在麵團上灑橄欖油後均勻塗抹。

13

14

15

14 用手指在麵團上平均間隔地按壓，讓麵團均勻地平鋪在整個烤盤上，然後放入 27℃－75%發酵箱中靜置約 30 分鐘。

15 再次利用手指自然推平到符合烤盤大小，然後放入 28℃－75%的發酵箱中，進行第二次發酵約 50 分鐘。

16 放上迷迭香。

17 接著均勻地撒上格拉納帕達諾起司粉。

18 將麵團放入烤箱，溫度設為上火 240℃、下火 240℃，並在注入蒸汽約 3～4 秒後，烘烤 15 分鐘。

POINT
- 此處使用的是歐式層次烤箱。若是使用旋風烤箱，將麵團放入預熱至 250℃的烤箱中，並在注入蒸汽 3 次（共 4 秒）後，調降至 210℃，烘烤 15 分鐘。
- 如果烤箱的蒸汽功能是以%來設定（例如 UNOX 烤箱），就事先設定成 80%，在充滿濕氣時放入麵團，並在體積開始膨脹時將蒸汽調成 0%。
- 在烘烤出爐的佛卡夏表面塗上橄欖油。

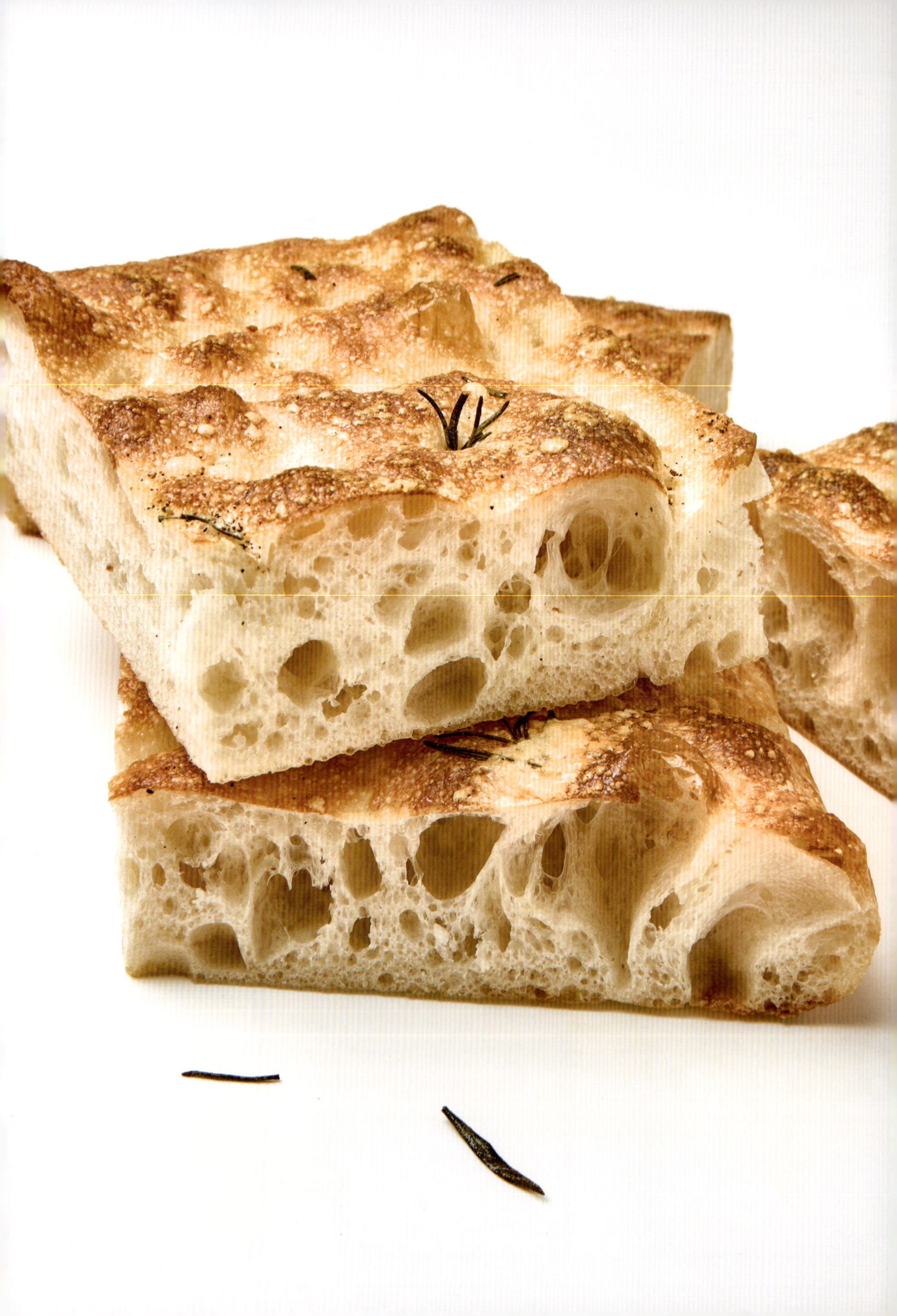

application

直接在烤盤進行
低溫發酵的佛卡夏

將整個麵團放在烤盤上進行低溫發酵的方法，由於不需使用發酵盒，操作起來更方便。但另一方面，使用高度較高的發酵盒進行發酵，則能讓麵團在發酵過程中獲得更強的彈性。使用這兩種方法製作出的麵團最終體積可能略有不同，但同樣都能烘烤出理想的佛卡夏。所以，只要根據個人喜好或工作環境來選擇適合的方式即可。

1. 結束第一次發酵後，從上、下、左、右摺疊麵團，並移到塗好橄欖油的烤盤上。
2. 放入 8℃冰箱中，低溫發酵 12～15 小時。
3. 將麵團移至室溫，待溫度回到 16℃時，利用手指將麵團自然推展，均勻地平鋪在整個烤盤內，然後放入 27℃－75%發酵箱中靜置約 30 分鐘。
   - 當麵團溫度回到 16℃時即可開始操作，只要在 20℃以下都能製作出佛卡夏。
4. 再次利用手指，將麵團自然推平到符合烤盤大小，然後放入 28℃－75%的發酵箱中進行第二次發酵約 50 分鐘，即可進入烘烤階段。
   - 可依喜好撒上迷迭香或格拉納帕達諾起司粉。
   - 在烘烤出爐的佛卡夏表面塗上橄欖油。

LOW-TEMPERATURE FERMENATION FOCACCIA

03
SEMOLINA FOCACCIA

杜蘭小麥佛卡夏

添加粗粒小麥粉來製作的佛卡夏，具有一般麵粉所沒有的特殊香氣與酥脆口感。撒在表面的帕馬森起司絲、乾燥迷迭香和乾辣椒片，更為香醇的麵團增添了香草的清香以及令人愉悅的辣味。這是一道很適合搭配紅酒一起享用的佛卡夏。

- 水解法
- 義大利種
- 第一次低溫發酵（8℃）

300g 約 7 個

DECK 270℃／250℃ 8 分鐘

CONVECTION 250℃ 6 分鐘

Process

準備義大利種

準備水解麵團

→ 攪拌主麵團（麵團最終溫度 23～25℃）
→ 第一次發酵（25℃－75%－40 分鐘）
→ 摺疊
→ 第一次低溫發酵（8℃－12～15 小時）
→ 回溫至 16℃
→ 分割（300g）
→ 靜置（28℃－75%－60 分鐘）
→ 整形
→ 撒配料
→ 烘烤

Ingredients

水解麵團（參考 P.76）

高筋麵粉	500g
佛卡夏專用麵粉（Molino DallaGiovanna）	300g
粗粒小麥粉	200g
水	780g
TOTAL	1780g

義大利種（參考 P.108）

高筋麵粉	1000g
酵母（燕子牌半乾酵母紅裝）	3g
水	550g
鹽	15g
TOTAL	1568g

主麵團

水解麵團	全部的量
義大利種	300g
麥芽精	10g
水（30℃）	15g
酵母（燕子牌半乾酵母紅裝）	3g
鹽	19g
調節水	150g
橄欖油	80g
TOTAL	2357g

配料　帕馬森起司絲、乾燥迷迭香、乾辣椒片 適量

SEMOLINA FOCACCIA

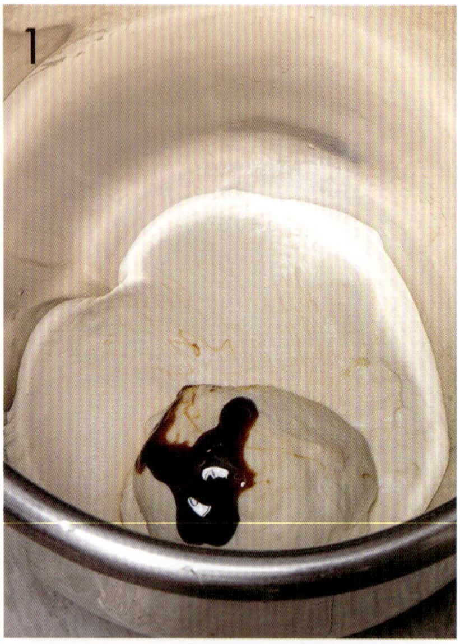
1

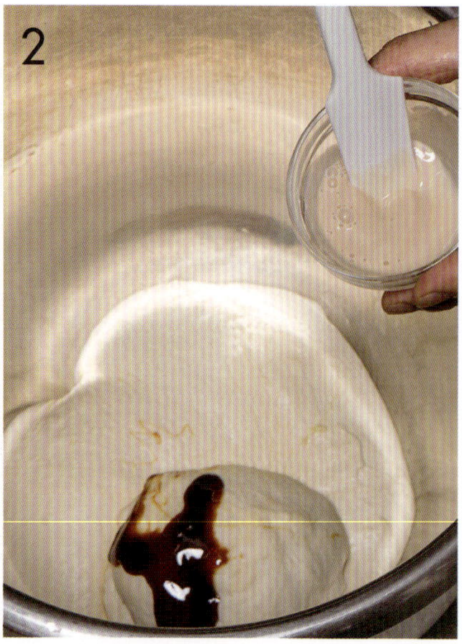
2

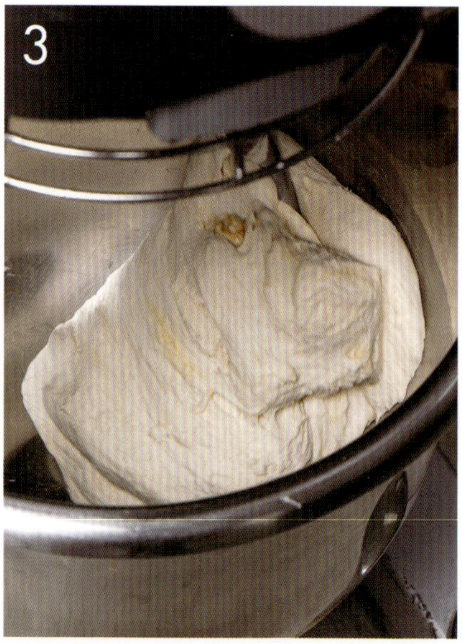
3

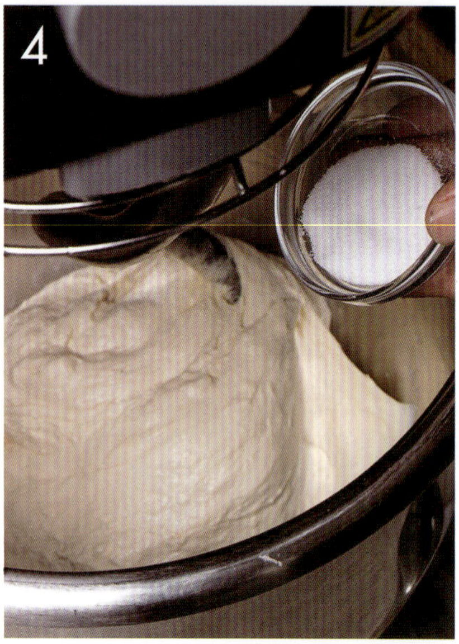
4

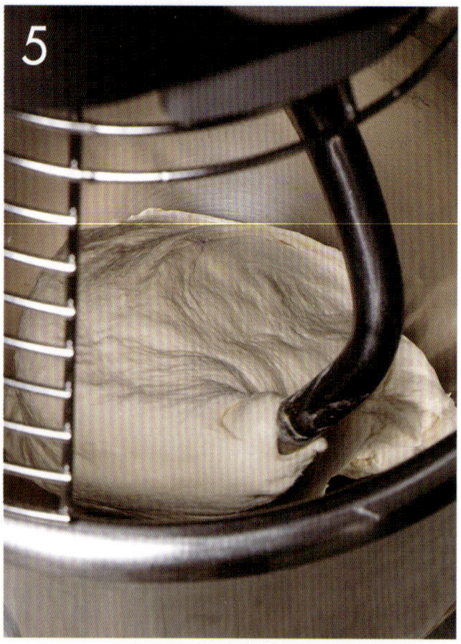
5

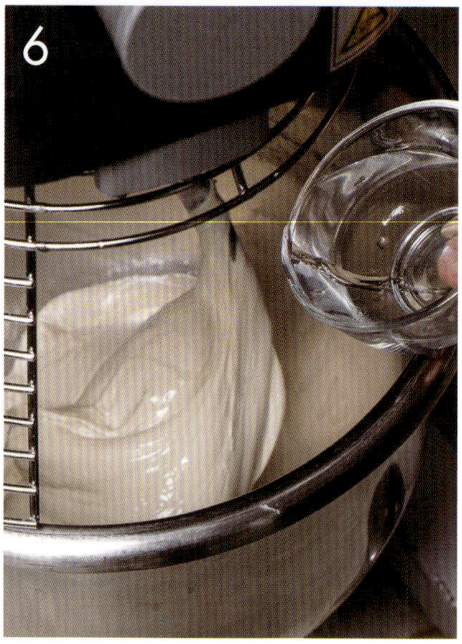
6

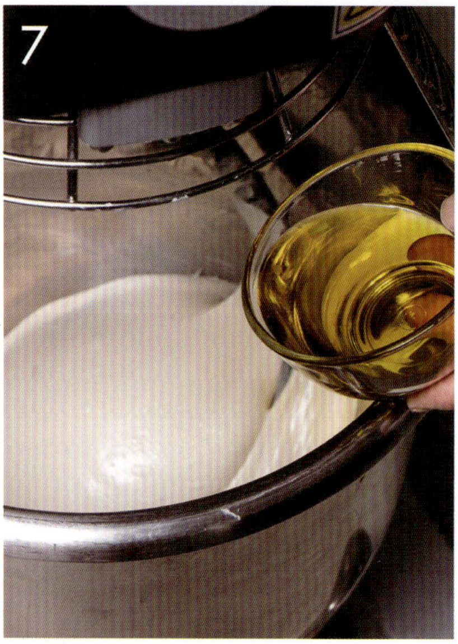
7

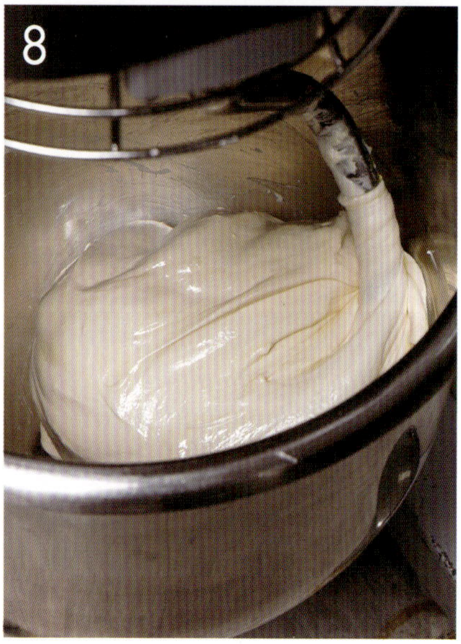
8

How to make

主麵團

❶ 將水解麵團、義大利種和麥芽精放入攪拌盆中。

❷ 將酵母倒入 30℃ 的水中充分攪拌後，加進攪拌盆中。

POINT 酵母在 30～35℃ 時最活躍。若使用冰水或熱水，可能會令一部分酵母死亡，因此水的溫度極為重要。

❸ 以慢速（約 3 分鐘）－中速（約 1 分鐘）進行攪拌。

❹ 當麵團中完全沒有水、產生一定的彈性時就加鹽。

❺ 以慢速（約 1 分鐘）－中速（約 1 分鐘）進行攪拌。

❻ 當麵團不再黏著盆底時，緩緩地加入 150g 的調節水並持續攪拌 3～4 分鐘。

POINT
- 調節水不要全部一口氣加完，而是一邊確認麵團是否成型一邊少量加入。每 1000g 麵粉，一次不加超過 20g 的水。因此，150g 的水至少要分八次加，讓麵團逐漸水合。
- 一旦更換麵粉或工作環境，調節水的用量就需要隨之增加或減少，所以得經常檢查麵團的狀態來調整水量。

❼ 待調節水全部被麵團吸收後，一邊緩緩地倒入橄欖油，一邊攪拌約 3 分鐘。

POINT 將橄欖油倒在攪拌盆的壁面，使其緩慢地流入麵團中。待橄欖油全部被麵團吸收後，就可以結束攪拌。

❽ 麵團的理想最終溫度為 23～25℃，此時會呈現光滑又有光澤的狀態。

POINT 假如最終麵團的溫度更低或更高，發酵時間就需要延長或縮短。因此，攪拌結束後確認溫度是一項重要程序，才能在低溫發酵後得到理想的製品。

9　10

How to make

⑨ 將麵團移到塗好橄欖油的發酵盒中，然後放入 25℃－75%的發酵箱中，進行第一次發酵約 40 分鐘。

POINT　這裡使用尺寸為 32.5×35.3×10cm 的發酵盒。

⑩ 從上、下、左、右摺疊麵團。

⑪ 放入 8℃冰箱中，進行低溫發酵 12～15 小時。

⑫ 將麵團移至室溫，待溫度回到 16℃時，移到工作檯上。

POINT　為了防止沾黏，請先撒手粉在麵團上以及工作檯面，再移動麵團。當麵團溫度回到 16℃時即可開始操作，只要在 20℃以下都能製作出佛卡夏。

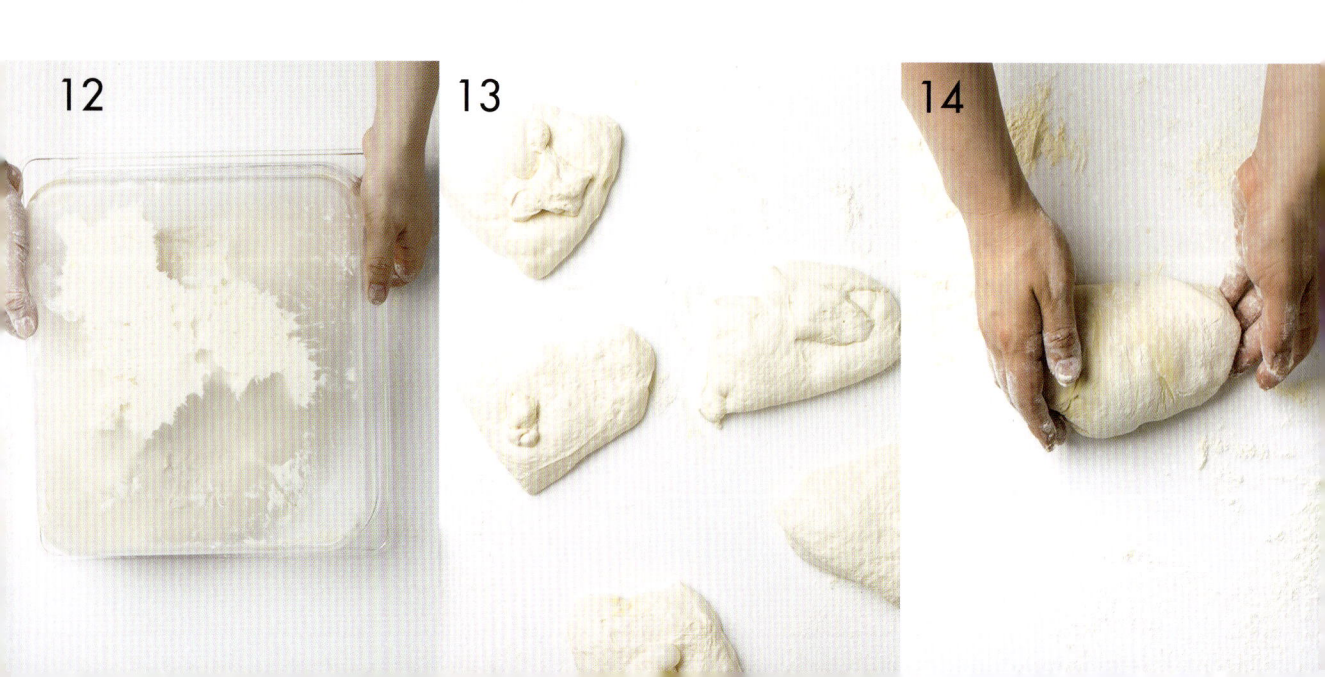

12　13　14

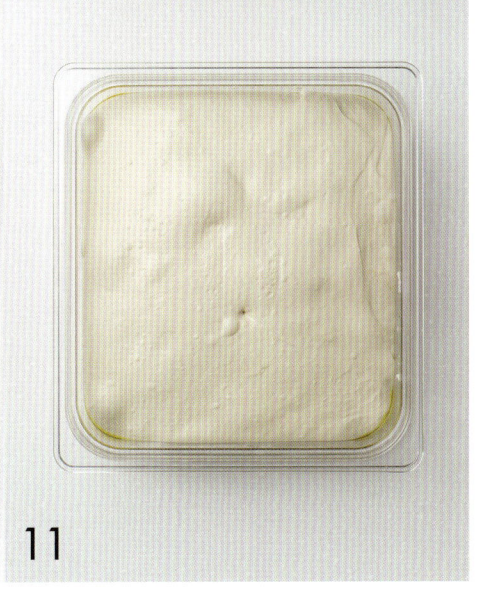

⓭ 將麵團分割成每塊 300g。

⓮ 整形成橢圓形。

⓯ 將麵團移至烤盤。

POINT 如果直接將麵團放在烤盤上，麵團會黏在上面。建議先將粗粒小麥粉和高筋麵粉以一比一的比例混合後撒適量在烤盤上，操作起來會更加容易。

⓰ 靜置於 28℃ －75%發酵箱中約 60 分鐘。

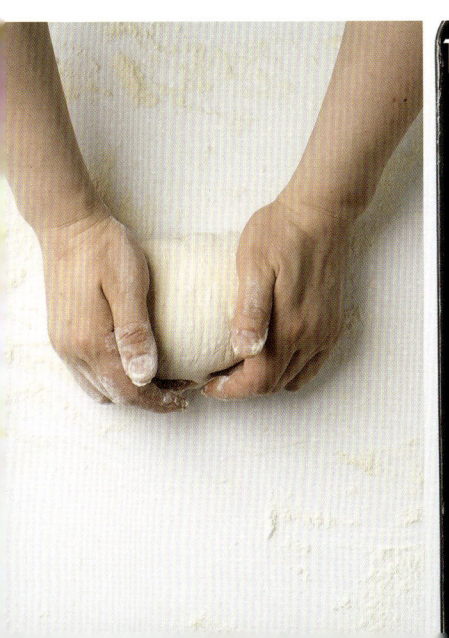

⓱　在工作檯上撒粗粒小麥粉後，再放上麵團。
⓲　利用手指將麵團自然推展，弄成橢圓形。
⓳　輕輕地抖掉沾在麵團上的粗粒小麥粉。
⓴　將麵團放到鋪好烤盤布的木板上。
㉑　灑上橄欖油。
㉒　再撒上帕馬森起司絲。

POINT　也可以用艾曼塔起司絲。

將佛卡夏麵團
整形成橢圓形

㉓ 接著撒乾燥迷迭香。

㉔ 最後撒乾辣椒片後,立即進行烘烤。

POINT ● 整形時,如果從麵團溢出過多氣體,需要在室溫下發酵 20 分鐘後再烘烤。

● 依個人喜好可以選擇進行第二次發酵,多加此步驟會讓口感變得更加輕盈;如果直接進入烘烤階段,則會得到較Q彈、有嚼勁的佛卡夏。

● 如果不喜歡乾辣椒片可以省略不加。

㉕ 將麵團放入烤箱,溫度設為上火 270℃、下火 250℃,烘烤 8 分鐘。

POINT ● 此處使用的是歐式層次烤箱。若是使用旋風烤箱,先鋪石頭並預熱至 250℃,再將麵團放在預熱過的石頭上,烘烤 6 分鐘。

● 在烘烤出爐的佛卡夏表面塗上橄欖油。

04
ONION & OLIVE FOCACCIA

洋蔥橄欖佛卡夏

這是混合 T65 法國麵粉和高筋麵粉製成的佛卡夏，具有不同於義大利麵粉的柔軟度。灰分含量高的法國麵粉，散發著香醇的味道。此外，因為加入了醃製烤洋蔥，以及微鹹微苦的黑色和綠色橄欖，品嘗起來就像在吃美味的調理麵包。

- 水解法
- 義大利種
- 第一次低溫發酵（4℃）
- 10×15cm 10 個
- DECK 260℃／220℃ 10 分鐘
- CONVECTION 250℃ → 210℃ 10 分鐘

Process

- 準備義大利種
- 準備水解麵團
- → 攪拌主麵團（麵團最終溫度 20～23℃）
- → 拌入餡料
- → 第一次發酵（25℃－75%－40 分鐘）
- → 摺疊
- → 第一次低溫發酵（4℃－12～15 小時）
- → 回溫至 16℃
- → 分割（10×15cm）
- → 整形
- → 擺上配料
- → 烘烤

Ingredients

水解麵團 ●（參考 P.76）

高筋麵粉	500g
T65 法國麵粉	250g
水	560g
TOTAL	1310g

餡料

烤洋蔥（參考 P.230）	300g
黑橄欖	100g
綠橄欖	80g

義大利種 ●（參考 P.108）

高筋麵粉	1000g
酵母（燕子牌半乾酵母紅裝）	3g
水	550g
鹽	15g
TOTAL	1568g

主麵團

水解麵團 ●	全部的量
義大利種 ●	200g
麥芽精	5g
水（30℃）	15g
酵母（燕子牌半乾酵母紅裝）	3g
鹽	14g
調節水	70g
橄欖油	70g
TOTAL	1687g

配料　橄欖油、黑橄欖、綠橄欖、洋蔥、格拉納帕達諾起司粉 適量

ONION & OLIVE FOCACCIA

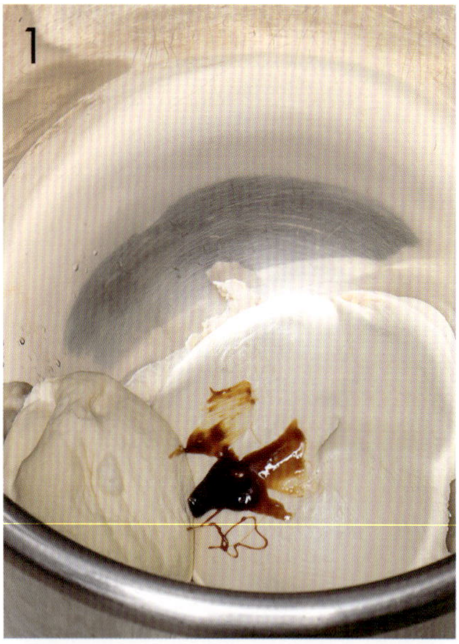
1

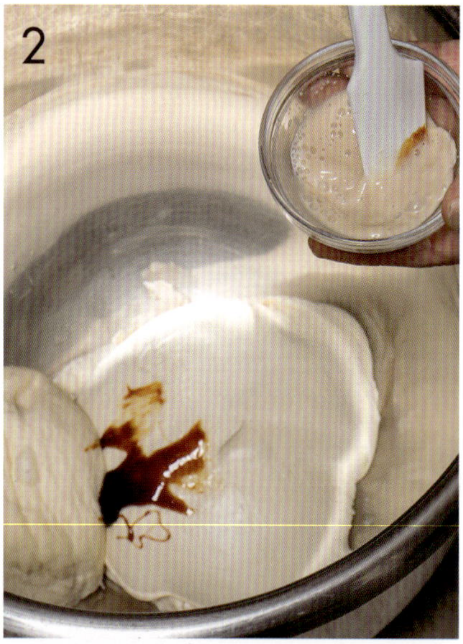
2

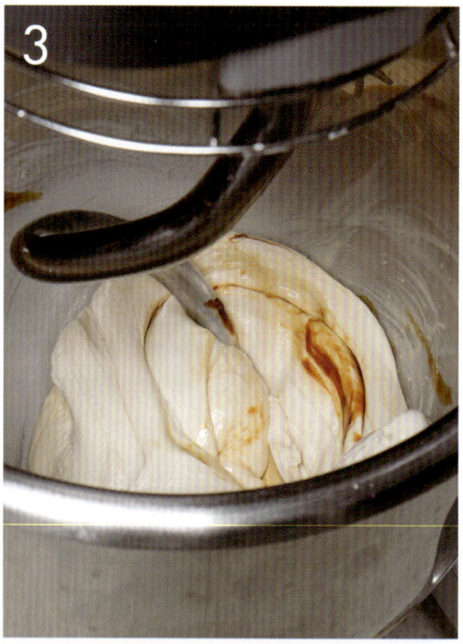
3

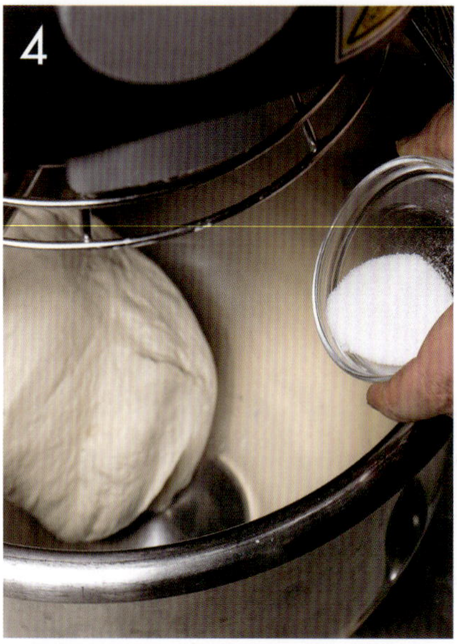
4

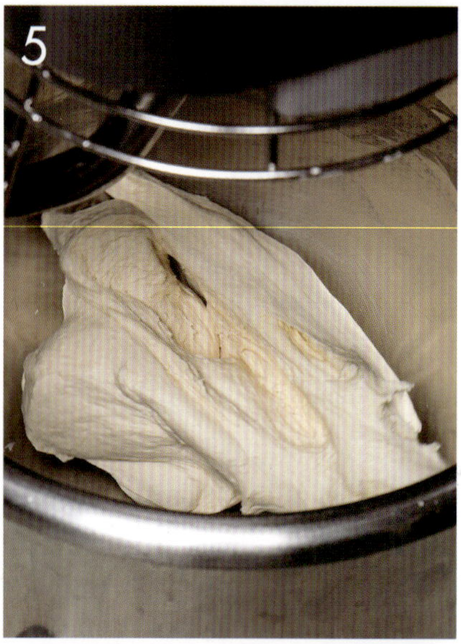
5

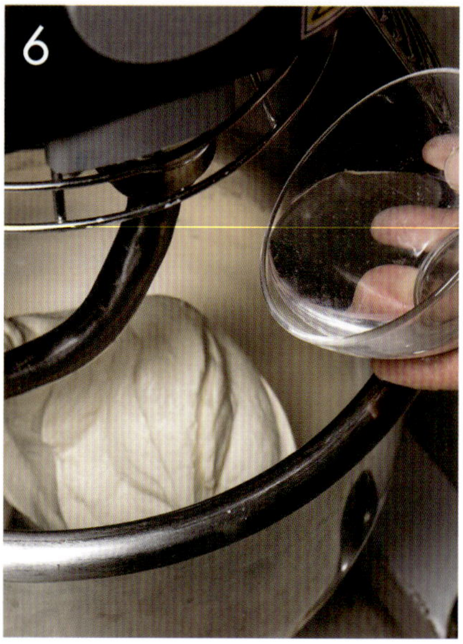
6

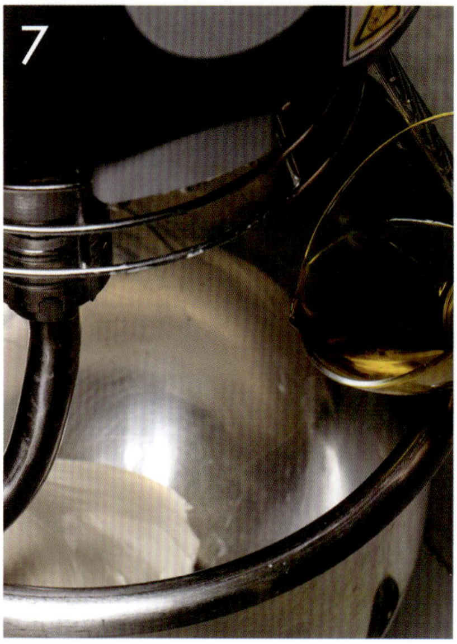
7

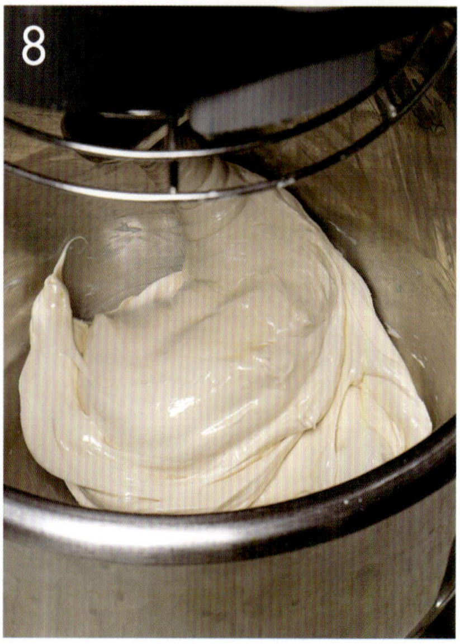
8

How to make

主麵團

❶ 將水解麵團、義大利種和麥芽精放入攪拌盆中。

❷ 將酵母倒入 30℃ 的水中充分攪拌後，加進攪拌盆中。

POINT 酵母在 30～35℃ 時最活躍。若使用冰水或熱水，可能會令一部分酵母死亡，因此水的溫度極為重要。

❸ 以慢速（約 3 分鐘）－中速（約 1 分鐘）進行攪拌。

❹ 當麵團中完全沒有水、產生一定的彈性時就加鹽。

❺ 以慢速（約 1 分鐘）－中速（約 1 分鐘）進行攪拌。

❻ 當麵團不再黏著盆底時，緩緩地加入 70g 的調節水並持續攪拌約 3～4 分鐘。

POINT ● 調節水不要全部一口氣加完，而是一邊確認麵團是否成型一邊少量加入。每 1000g 麵粉，一次不加超過 20g 的水。因此，70g 的水至少要分四次加，讓麵團逐漸水合。

● 一旦更換麵粉或工作環境，調節水的用量就需要隨之增加或減少，所以得經常檢查麵團的狀態來調整水量。

❼ 待調節水全部被麵團吸收後，一邊緩緩地倒入橄欖油，一邊攪拌約 3 分鐘。

POINT 將橄欖油倒在攪拌盆的壁面，使其緩慢地進入麵團中。待橄欖油全部被麵團吸收後，就可以結束攪拌。

❽ 麵團的理想最終溫度為 20～23℃，此時會呈現光滑又有光澤的狀態。

POINT 假如最終麵團的溫度更低或更高，發酵時間就需要延長或縮短。因此，攪拌結束後確認溫度是一項重要程序，才能在低溫發酵後得到理想的製品。

How to make

❾ 準備好作為餡料的烤洋蔥和橄欖。

POINT
● 將 500g 洋蔥切成 1.5cm 片狀,加 30g 橄欖油、1g 胡椒、0.5g 鹽並輕輕攪拌,用烤箱以 220℃烘烤 8～10 分鐘後冷卻備用。烘烤後的最終重量約為 200g。(製作方法請參考 P.230)
● 黑橄欖和綠橄欖瀝乾後切成薄片。

❿ 將麵團和餡料放入塗好橄欖油的發酵盒中。

POINT 這裡使用尺寸為 32.5×35.3×10cm 的發酵盒。

⓫ 將麵團反覆地抬起並放下,使餡料更均勻地混入麵團中。

POINT 也可以用攪拌機低速攪拌。但是對於易碎的餡料,建議還是用手或刮刀攪拌,才能保持完整的外觀。

⓬ 攪拌到一定程度後,就用刮刀反覆操作「切割、堆疊」的動作,讓餡料更均勻地混進麵團裡。

12

在發酵盒內
混合餡料

在攪拌盆內
混合餡料

⓭ 餡料完全混勻後，整理麵團。

POINT 倘若餡料混合不均，烘烤後的佛卡夏外觀可能凹凸不平，或者口感不一，所以在此步驟務必詳加確認。

⓮ 將麵團移到塗好橄欖油的發酵盒中，然後放入 25℃－75%的發酵箱中，進行第一次發酵約 40 分鐘。

⓯ 從上、下、左、右摺疊麵團。

⓰ 放入 4℃冰箱中，進行低溫發酵 12～15 小時。

⓱ 將麵團移至室溫，待溫度回到 16℃時，移到工作檯上。

POINT 為了防止沾黏，請先撒手粉在麵團上以及工作檯面，再移動麵團。

16

17

❶❽ 一邊在麵團上撒手粉,一邊整形成 50×30cm 的長方形。
POINT 操作時請輕輕地拉長和推展麵團,以免溢出太多氣體。
❶❾ 切成十等分,每塊大小為 10×15cm。
❷⓿ 將切好的麵團放到鋪好烤盤布的木板上。
❷❶ 均勻地塗抹橄欖油。
❷❷ 利用手指將麵團自然推展。
POINT 這裡會用手指按壓麵團,因每個人的手指粗細不同,戳出的數量會略有差異,一般來說,戳 15 個左右的凹洞即可。

㉓ 放上切片的黑橄欖和綠橄欖。

㉔ 接著放上切絲的洋蔥。

㉕ 最後撒格拉納帕達諾起司粉後,置於室溫進行第二次發酵約 30 分鐘。

㉖ 將麵團放入烤箱,溫度設為上火 260℃、下火 220℃,並在注入蒸汽約 3〜4 秒後,烘烤 10 分鐘。

POINT
● 此處使用的是歐式層次烤箱。若是使用旋風烤箱,將麵團放入預熱至 250℃ 的烤箱中,並在注入蒸汽 3 次(共 4 秒)後,調降至 210℃,烘烤 10 分鐘。

● 如果烤箱的蒸汽功能是以%來設定(例如 UNOX 烤箱),就事先設定成 80%,在充滿濕氣時放入麵團,並在體積開始膨脹時將蒸汽調成 0%。

● 在烘烤出爐的佛卡夏表面塗上橄欖油。

05
MARINARA SAUCE & MORTADELLA FOCACCIA

義式紅醬肉腸佛卡夏

這是一款想展現番茄豐盛滋味而研發的佛卡夏，外型上特地做成三角形，讓人聯想到義大利披薩。麵團本身拌入番茄泥，麵團上則塗抹了義式番茄紅醬，並加入各種蔬菜和義式肉腸來增添豐富度，從顏色到味道都能感受到濃郁的番茄風味。

- 水解法
- 義大利種
- 第一次低溫發酵（8℃）
- 16cm 三角形 8 個
- DECK 270℃／250℃ 15 分鐘
- CONVECTION 250℃ → 210℃ 10 分鐘

Process

→ 準備義大利種
→ 準備水解麵團
→ 攪拌主麵團（麵團最終溫度 23～25℃）
→ 第一次發酵（25℃－75%－40 分鐘）
→ 摺疊
→ 第一次低溫發酵（8℃－12～15 小時）
→ 回溫至 16℃
→ 分割（八等分）
→ 整形
→ 擺上配料
→ 烘烤

Ingredients

水解麵團 ●（參考 P.76）

佛卡夏專用麵粉（Molino Dallagiovanna）	800g
高筋麵粉	200g
水	650g
番茄泥	100g
TOTAL	1750g

義式紅醬 ●（參考 P.200）

橄欖油	15g
紅蔥	80g
蒜泥	5g
番茄泥	400g
羅勒	2g
奧勒岡	0.5g
鹽	適量
胡椒	適量

主麵團

水解麵團 ●	全部的量
義大利種 ●	300g
麥芽精	5g
水（30℃）	15g
酵母（燕子牌半乾酵母紅裝）	3g

義大利種 ●（參考 P.108）

高筋麵粉	1000g
酵母（燕子牌半乾酵母紅裝）	3g
水	550g
鹽	15g
TOTAL	1568g

配料

義式紅醬 ●	160g
莫札瑞拉起司絲	112g
小番茄（切半）	40 個
彩椒（切絲）	32 個
義式肉腸	160g
橄欖油	適量
綜合義大利香草	適量
青蔥	適量
格拉納帕達諾起司	適量

鹽	19g
調節水	100g
橄欖油	100g
TOTAL	2292g

MARINARA SAUCE & MORTADELLA FOCACCIA

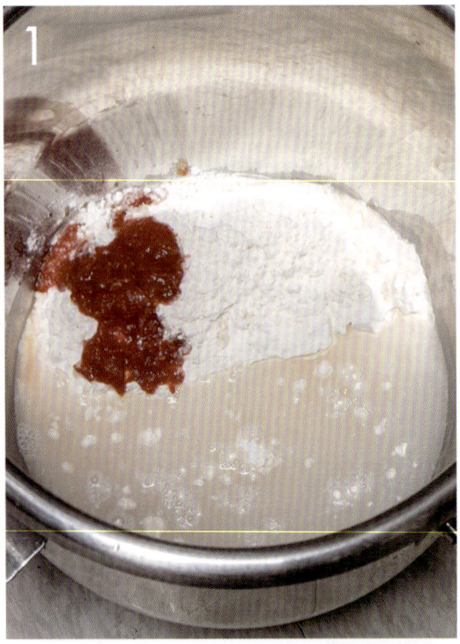
1

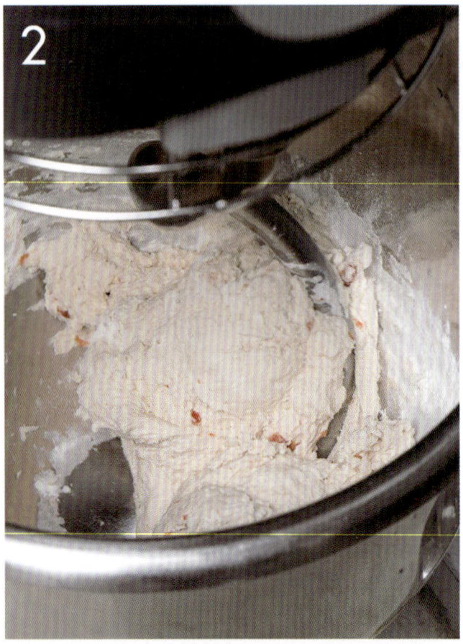
2

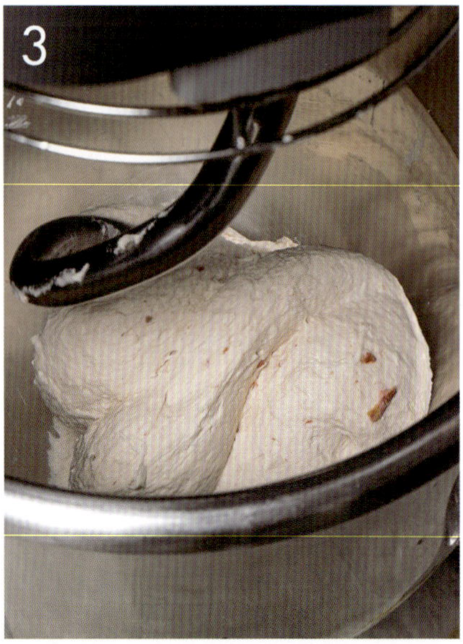
3

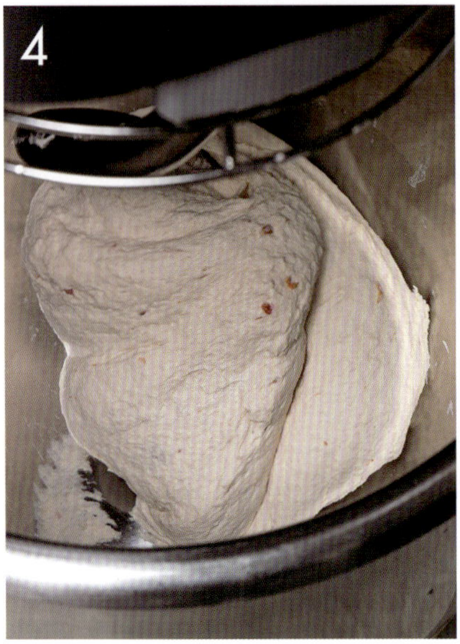
4

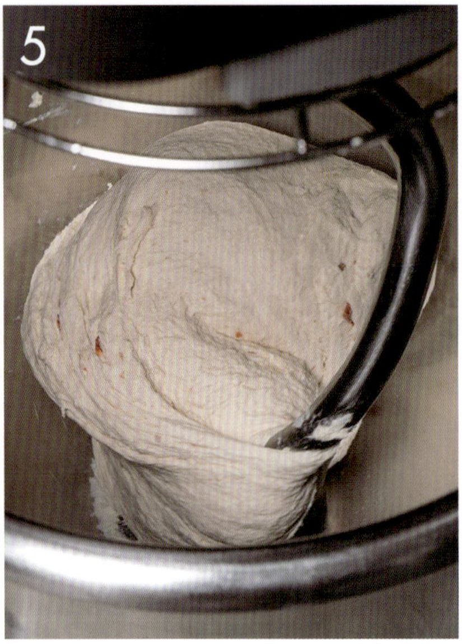
5

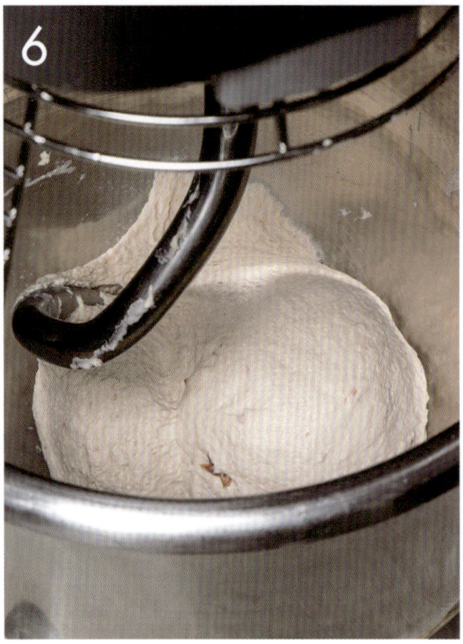
6

How to make

主麵團

❶ 將水解麵團、義大利種和麥芽精放入攪拌盆中。

❷ 將酵母倒入 30℃ 的水中充分攪拌後，加進攪拌盆中，並以慢速（約 3 分鐘）－中速（約 1 分鐘）進行攪拌。

POINT 酵母在 30～35℃ 時最活躍。若使用冰水或熱水，可能會令一部分酵母死亡，因此水的溫度極為重要。

❸ 當麵團中完全沒有水、產生一定的彈性時就加鹽，並以慢速（約 1 分鐘）－中速（約 1 分鐘）進行攪拌。

❹ 當麵團不再黏著盆底時，緩緩地加入 100g 的調節水並持續攪拌 3～4 分鐘。

POINT ● 調節水不要全部一口氣加完，而是一邊確認麵團是否成型一邊少量加入。每 1000g 麵粉，一次不加超過 20g 的水。因此，100g 的水至少要分五次加，讓麵團逐漸水合。

● 一旦更換麵粉或工作環境，調節水的用量就需要隨之增加或減少，所以得經常檢查麵團的狀態來調整水量。

❺ 待調節水全部被麵團吸收後，一邊緩緩地倒入橄欖油，一邊攪拌約 3 分鐘。

POINT 將橄欖油倒在攪拌盆的壁面，使其緩慢地進入麵團中。待橄欖油全部被麵團吸收後，就可以結束攪拌。

❻ 麵團的理想最終溫度為 23～25℃，此時會呈現光滑又有光澤的狀態。

POINT 假如最終麵團的溫度更低或更高，發酵時間就需要延長或縮短。因此，攪拌結束後確認溫度是一項重要程序，才能在低溫發酵後得到理想的製品。

How to make

❼ 在發酵盒內側塗抹橄欖油。

POINT 這裡使用尺寸為 26.5×32.5×10cm 的發酵盒。

❽ 將麵團移到塗好橄欖油的發酵盒中,然後放入 25℃－75%的發酵箱中,進行第一次發酵約 40 分鐘。

❾ 從上、下、左、右摺疊麵團。

❿ 放入 8℃冰箱中,進行低溫發酵 12～15 小時。

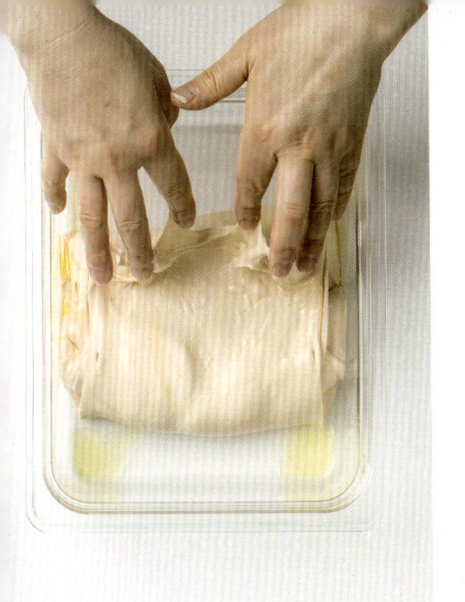

10

⓫ 將麵團移至室溫，待溫度回到 16℃ 時，移到工作檯上。

POINT 為了防止沾黏，請先撒手粉在麵團上以及工作檯面，再移動麵團。

⓬ 一邊在麵團上撒手粉，一邊整形成 32×32cm 的正方形。

⓭ 先用尺將麵團均分成八等分，再用刮板分割。

POINT 也可以把麵團整形成長方形或正方形，但得依麵團形狀來調整大小。

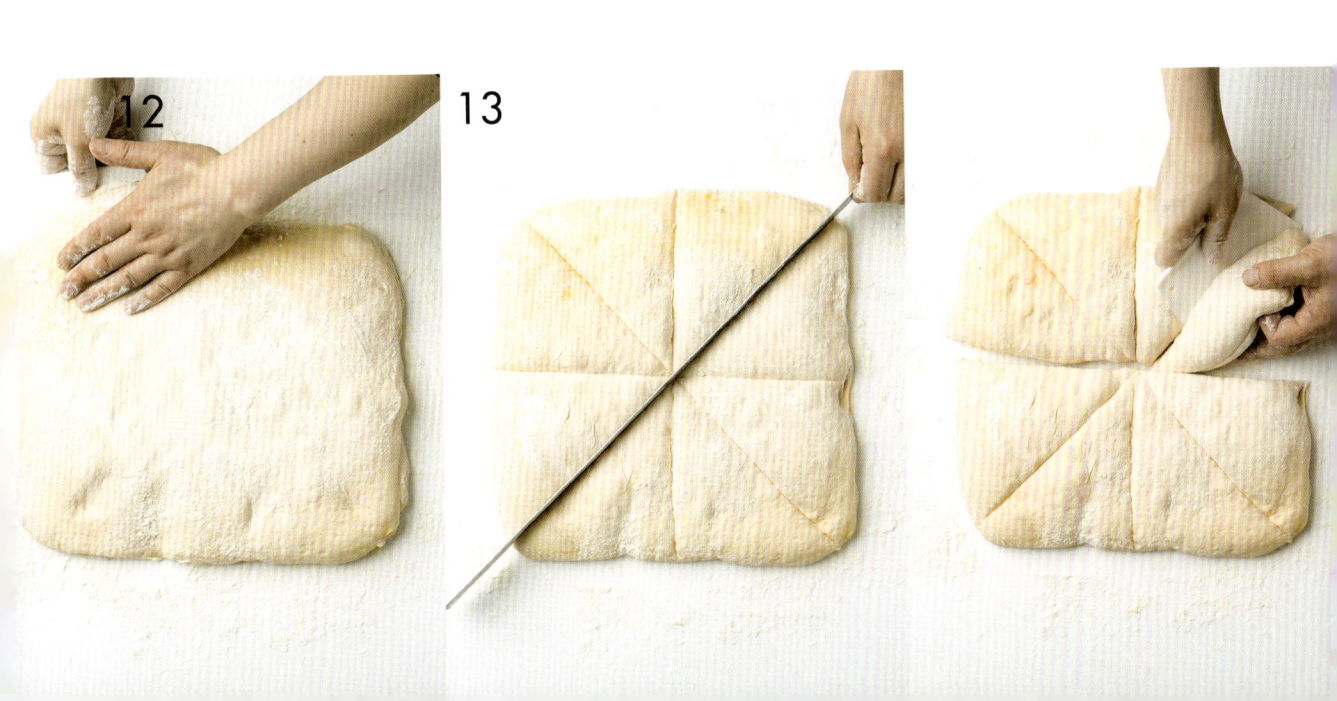

12

13

⓬ 將麵團放到鋪好烤盤布的木板上。

⓯ 在麵團表面塗抹橄欖油。

POINT 此步驟算是塑造麵團形狀的過程，也可以跳過不塗橄欖油，接下來直接用手沾點水來操作。

⓰ 利用手指將麵團自然推展。

⓱ 每個麵團上塗 20g 義式紅醬。

⓲ 每個麵團上放 14g 莫札瑞拉起司絲。

⓳ 每個麵團上放 5 個切半小番茄、4 個彩椒絲。

* 可跳過第二次發酵的情形

① 薄薄的佛卡夏（不需要放在鐵盤上，而是直接放進去烤的類型）進到烤箱之後，會迅速發展烘焙漲力，因此即使不進行第二次發酵，也能獲得足夠的膨度。

② 如果是配料多的佛卡夏，可以將放配料的時間本身就當成第二次發酵期間。

❷⓪ 每個麵團上放 20g 切成適口大小的義式肉腸。

POINT 也可以使用切片火腿或午餐肉來取代。

❷① 均勻地灑上橄欖油後，再撒綜合義大利香草。

❷② 將麵團放入烤箱，溫度設為上火 270℃、下火 250℃，烘烤 15 分鐘後，再撒上蔥花以及刨碎的格拉納帕達諾起司即可。

POINT
● 此處使用的是歐式層次烤箱。若是使用旋風烤箱，先鋪石頭並預熱至 250℃，再調降至 210℃，並將麵團放在預熱過的石頭上，烘烤 10 分鐘。
● 在烘烤出爐的佛卡夏表面塗上橄欖油。

How to make　義式紅醬

❶　平底鍋加入橄欖油後加熱。

❷　待平底鍋的溫度上升後,放入紅蔥(這裡使用的是經清洗、去皮的冷凍製品),並用刮刀拌炒。

POINT　冷凍紅蔥要在加熱平底鍋時才從冷凍庫取出,於未解凍的狀態下直接烹飪。

❸　紅蔥炒到變黃時加入蒜泥,繼續拌炒。

❹　蒜泥炒香之後,加入番茄泥繼續加熱。

❺　一煮滾就加入羅勒(這裡使用的是經清洗後冷凍保存的產品)、奧勒岡、鹽和胡椒並攪拌,接著在下一次沸騰時,將平底鍋移開火源後冷卻備用。

MARINARA SAUCE & MORTADELLA FOCACCIA

FOCA

：了解波蘭種	204
01. 高個子佛卡夏	206
02. 黑麥多穀物佛卡夏	212
03. 洋蔥佛卡夏	220
04. 培根蒜香佛卡夏	232
05. 松露佛卡夏	242

CCIA

PART **8**

使用波蘭種
製作佛卡夏

"
使用含水量高的波蘭種
製作麵團,可以烘烤出
帶有淡雅發酵風味的佛卡夏。
"

發酵後

發酵前

basic

了解波蘭種

波蘭種（Poolish）起源於波蘭，為目前被世界各地的麵包師廣泛使用的酵種之一。通常以一比一的水與麵粉，再加少量酵母來製作。不過，如今也有人會增加酵母的用量，運用於酥皮點心等各式麵包中。

與義大利種一樣，波蘭種具有提高麵團發酵力、改善麵包風味的特性。此外，由於波蘭種的含水量較高，比起含水量相對低的義大利種，它能帶來更加柔和的發酵香氣。將其應用在法式長棍麵包、巧巴達、佛卡夏等麵包時，便能呈現出淡雅的發酵風味，對於亞洲人來說接受度更高。

波蘭種經常被添加到不同麵團裡使用，我個人認為這是很好的做法。它和老麵類似，用途多樣且方便使用。但需要注意的是，由於波蘭種不含鹽分，所以在使用大量的波蘭種製作麵團時，必須額外添加相當於波蘭種所用麵粉量的 1.8% 的鹽，才不會影響最終口感。

> 例　假設現在要使用 200g 波蘭種來製作麵團。由於波蘭種是以一比一的水與麵粉製成，所以 200g 波蘭種中含有 100g 麵粉。因此，主麵團中應再添加的鹽量為 100g 的 1.8%，也就是加入 1.8g 鹽。

Ingredients

高筋麵粉	200g
水（30℃）	200g
酵母 （燕子牌半乾酵母紅裝）	0.5g

Recipe

1. 酵母放入 30℃ 的水中充分攪拌。
2. 接著加入高筋麵粉，用刮刀攪拌均勻。
3. 置於室溫（25℃）下發酵 3 小時。
4. 移至 3～4℃ 的冰箱中發酵 15 小時。
   ● 發酵時間的長短取決於工作環境。

波蘭種在進行 15 小時的發酵過程中，如果冰箱溫度過高或時間算錯，它就會如照片所示般塌陷。在這種情況下，由於酵母的活性已經過度消耗，以致它在主麵團中的活動可能會變得緩慢。此時若想補救，可以稍微增加主麵團中的酵母量，也許會有所幫助。但是，如果波蘭種的發酵狀態非常不理想，最好不要使用。

01
FOCACCIA ALTA

高個子佛卡夏

義大利語中「alta」是「高」的意思。這款麵包可算是傳統佛卡夏的變體,它的外型更高且蓬鬆,有著柔軟的口感。因為麵包本身較厚實,很適合切成兩半後,夾入火腿或起司等做成三明治。此外,也很適合當作餐前麵包享用。

波蘭種	第一次低溫發酵(8℃)	33.5×36.5×5cm 烤盤1個	DECK 240℃／220℃ 18分鐘	CONVECTION 250℃ → 190℃ 20分鐘

Process

準備波蘭種
→ 攪拌主麵團(麵團最終溫度24～25℃)
→ 第一次發酵(25℃－75%－20分鐘)
→ 摺疊
→ 第一次低溫發酵(8℃－12～15小時)
→ 回溫至16℃
→ 麵團放入烤盤
→ 整形
→ 靜置(27℃－75%－30分鐘)
→ 第二次發酵(27℃－75%－50分鐘)
→ 烘烤

Ingredients

波蘭種（參考 P.204）

高筋麵粉	400g
水	400g
酵母(燕子牌半乾酵母紅裝)	1g
TOTAL	**801g**

主麵團

波蘭種	全部的量
特高筋麵粉(SILVER STAR)	400g
T65 法國麵粉	200g
酵母(燕子牌半乾酵母紅裝)	1g
水(30℃)	390g
鹽	18g
調節水	140g
橄欖油	70g
TOTAL	**2020g**

FOCACCIA ALTA

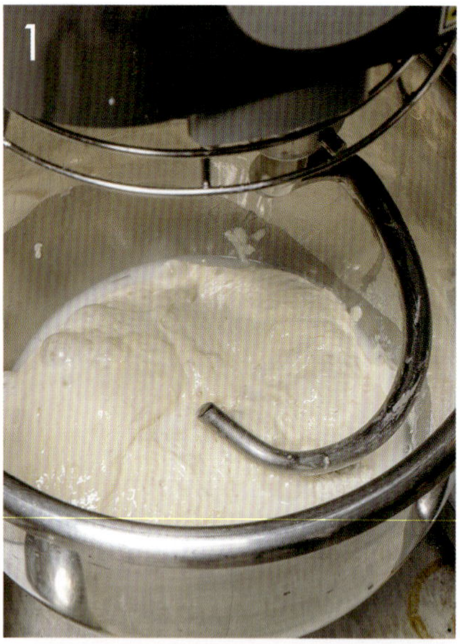
1

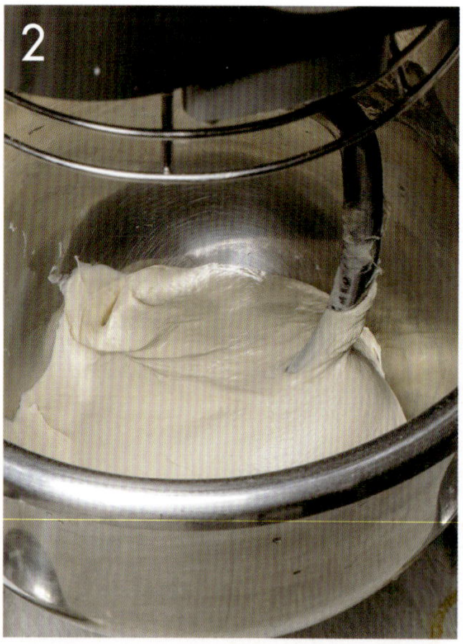
2

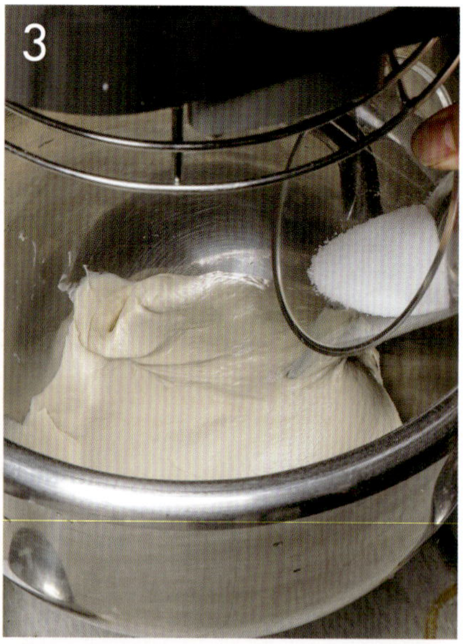
3

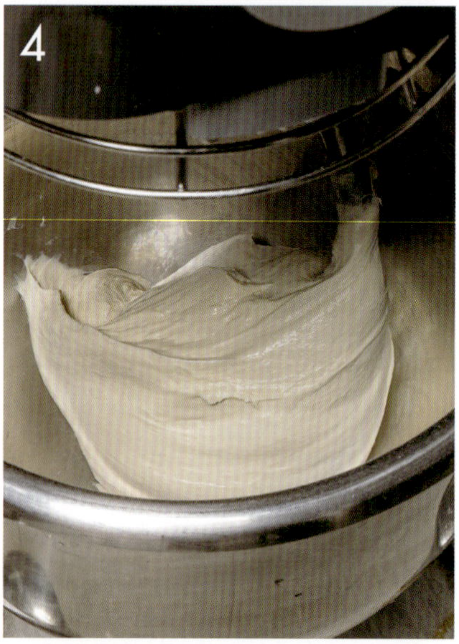
4

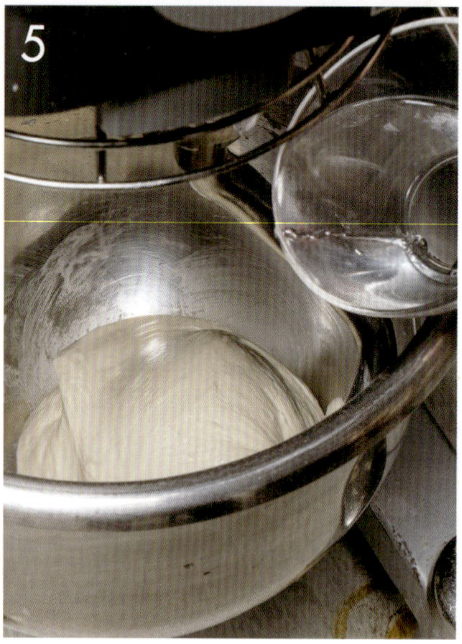
5

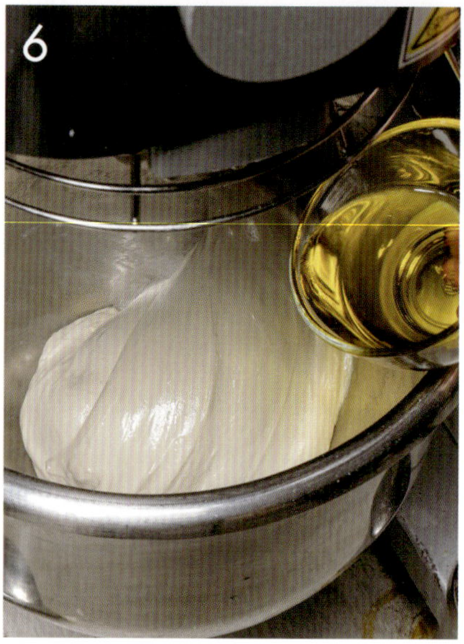
6

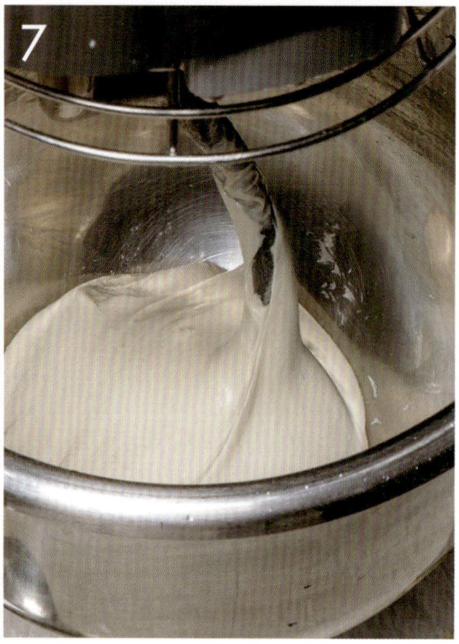
7

How to make

主麵團

❶ 將波蘭種、特高筋麵粉、T65法國麵粉、酵母和水放入攪拌盆中。

POINT 酵母在30～35℃時最活躍。若使用冰水或熱水,可能會令一部分酵母死亡,因此水的溫度極為重要。

❷ 以慢速(約3分鐘)－中速(約1分鐘)進行攪拌。

❸ 當麵團中完全沒有水、產生一定的彈性時就加鹽。

❹ 以慢速(約1分鐘)－中速(約3分鐘)進行攪拌。

❺ 當麵團不再黏著盆底時,緩緩地加入140g的調節水並持續攪拌3～4分鐘。

POINT ● 調節水不要全部一口氣加完,而是一邊確認麵團是否成型一邊少量加入。每1000g麵粉,一次不加超過20g的水。因此,140g的水至少要分七次加,讓麵團逐漸水合。

● 一旦更換麵粉或工作環境,調節水的用量就需要隨之增加或減少,所以得經常檢查麵團的狀態來調整水量。

❻ 待調節水全部被麵團吸收後,一邊緩緩地倒入橄欖油,一邊攪拌約3分鐘。

POINT 將橄欖油倒在攪拌盆的壁面,使其緩慢地流入麵團中。待橄欖油全部被麵團吸收後,就可以結束攪拌。

❼ 麵團的理想最終溫度為24～25℃,此時會呈現光滑又有光澤的狀態。

POINT 假如最終麵團的溫度更低或更高,發酵時間就需要延長或縮短。因此,攪拌結束後確認溫度是一項重要程序,才能在低溫發酵後得到理想的製品。

8

9

How to make

❽ 將麵團移到塗好橄欖油的發酵盒中，然後放入 25℃ － 75% 的發酵箱中，進行第一次發酵約 20 分鐘。

POINT
● 這裡使用尺寸為 32.5×35.3×10cm 的發酵盒。

● 用波蘭種做出的麵團有著良好的發酵力，所以需特別留意不能超過時間。萬一發酵超過 20 分鐘，請進行摺疊，接著放進冷凍庫一下子、快速降溫，再放回低溫（冷藏）進行發酵。

❾ 從上、下、左、右摺疊麵團。

❿ 放入 8℃冰箱中，進行低溫發酵 12 ～ 15 小時。

⓫ 將麵團移至室溫，待溫度回到 16℃時，移到塗好橄欖油的烤盤上。

POINT 這裡使用尺寸為 33.5×36.5×5cm 的烤盤。

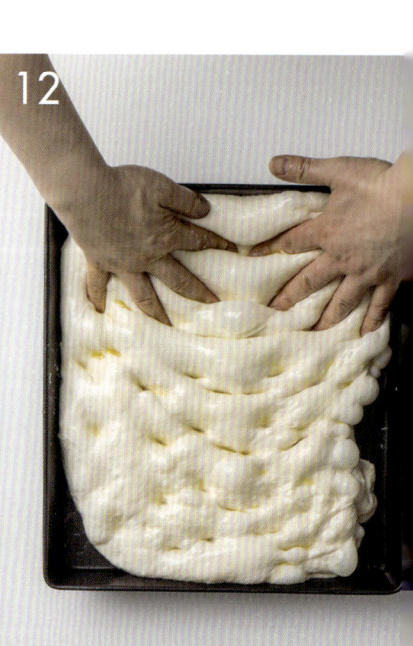

⓬ 在麵團上灑橄欖油後，用手指在麵團上平均間隔地按壓，將麵團自然推展至鋪滿整個烤盤。

11

12

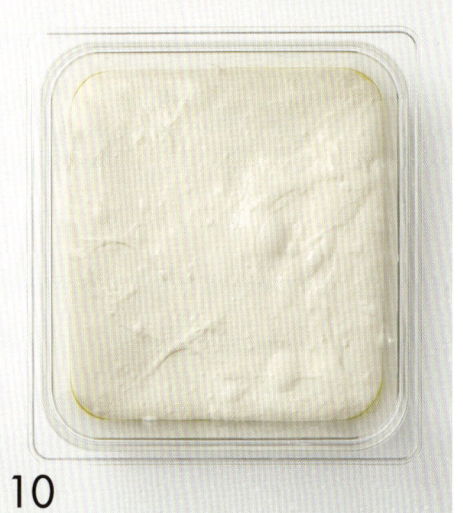

⑬ 置於 27℃ − 75% 發酵箱中靜置約 30 分鐘。

⑭ 在麵團上灑橄欖油，再次利用手指輕壓、推平到符合烤盤大小，然後放入 27℃ − 75% 的發酵箱中，進行第二次發酵約 50 分鐘。

⑮ 將麵團放入烤箱，溫度設為上火 240℃、下火 220℃，並在注入蒸汽約 3～4 秒後，烘烤 18 分鐘。

POINT
● 此處使用的是歐式層次烤箱。若是使用旋風烤箱，將麵團放入預熱至 250℃ 的烤箱中，並在注入蒸汽 3 次（共 4 秒）後，調降至 190℃，烘烤 20 分鐘。

● 如果烤箱的蒸汽功能是以 % 來設定（例如 UNOX 烤箱），就事先設定成 80%，在充滿濕氣時放入麵團，並在體積開始膨脹時調成 0%。

● 這款佛卡夏的高度比一般佛卡夏更高，所以烘烤時間需要更長。此外，麵團高度越高，下火的溫度也要調得越高，內部才能烤熟。

● 在烘烤出爐的佛卡夏表面塗上橄欖油。

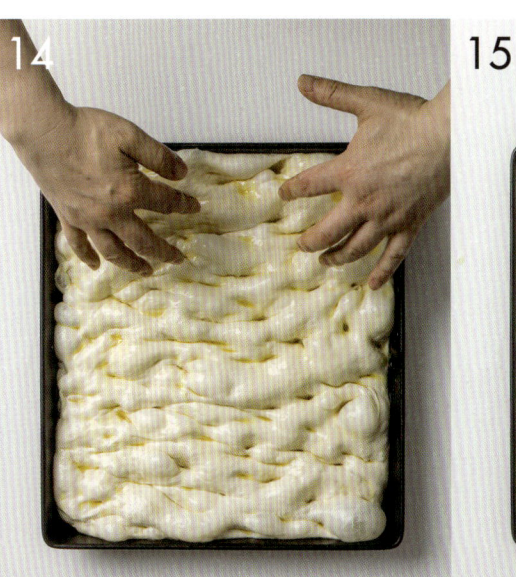

02
GRAIN FOCACCIA

黑麥多穀物佛卡夏

麵包的味道取決於使用的材料。這裡我將介紹相當罕見的食譜——使用穀物製成的佛卡夏。無論是麵團本身或表層配料都使用了穀物,並加入南瓜籽和葵花籽,增添香醇味及口感。單吃能感受到淡雅的香氣,也非常適合用來製作三明治。

| 波蘭種 | 第一次低溫發酵(8℃) | 150g 約13個 | DECK 250℃／210℃ 10分鐘 | CONVECTION 250℃ → 200℃ 10分鐘 |

Process

- 準備波蘭種
- → 攪拌主麵團(麵團最終溫度24〜25℃)
- → 第一次發酵(25℃ -75% -20分鐘)
- → 摺疊
- → 第一次低溫發酵(8℃ -12〜15小時)
- → 回溫至16℃
- → 分割(150g)
- → 靜置(27℃ -75% -30分鐘)
- → 沾裹配料
- → 整形
- → 第二次發酵(27℃ -75% -30分鐘)
- → 烘烤

Ingredients

波蘭種(參考 P.204)

高筋麵粉	400g
水	400g
酵母(燕子牌半乾酵母紅裝)	1g
TOTAL	801g

主麵團

波蘭種	全部的量
特高筋麵粉(SILVER STAR)	400g
黑麥穀粒粉(Bake plus)	150g
燕麥粉(Bake plus)	50g
酵母(燕子牌半乾酵母紅裝)	1g
水(30℃)	350g
鹽	10g
調節水	140g
橄欖油	50g
TOTAL	1952g

穀物配料

綜合穀物配料(Sun-in)	100g
南瓜籽	50g
葵花籽	30g
帕馬森起司絲	100g

GRAIN FOCACCIA

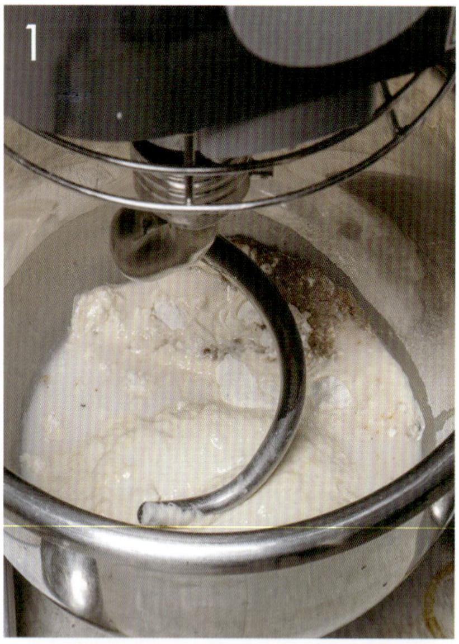
1

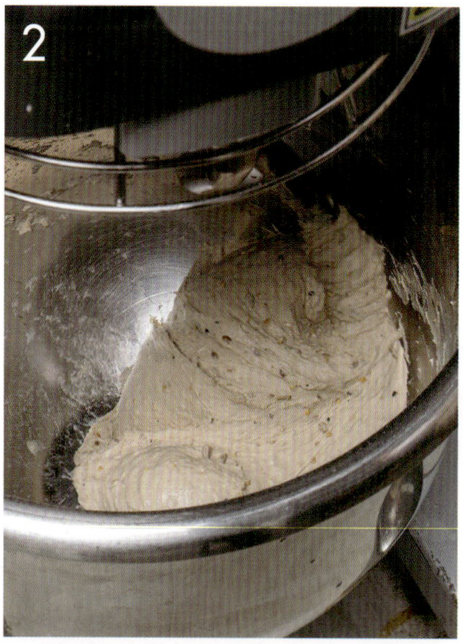
2

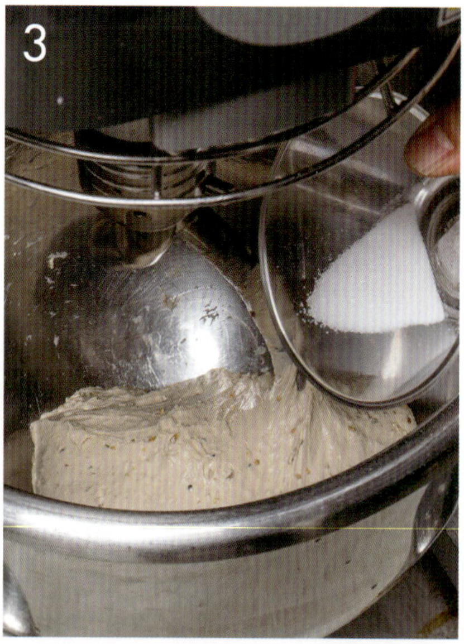
3

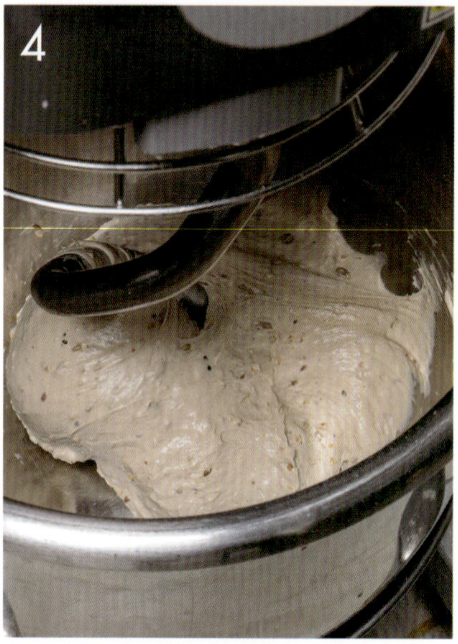
4

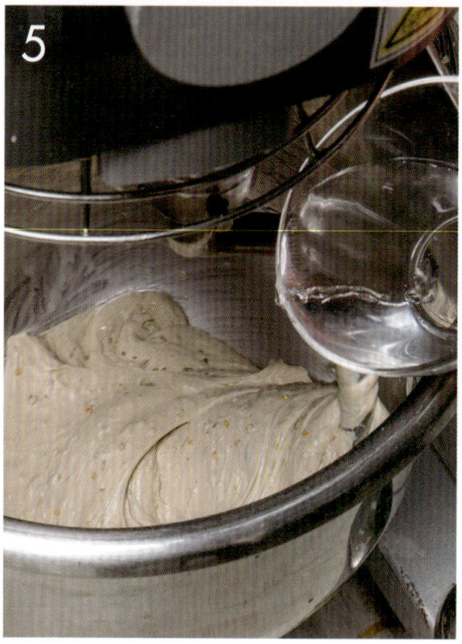
5

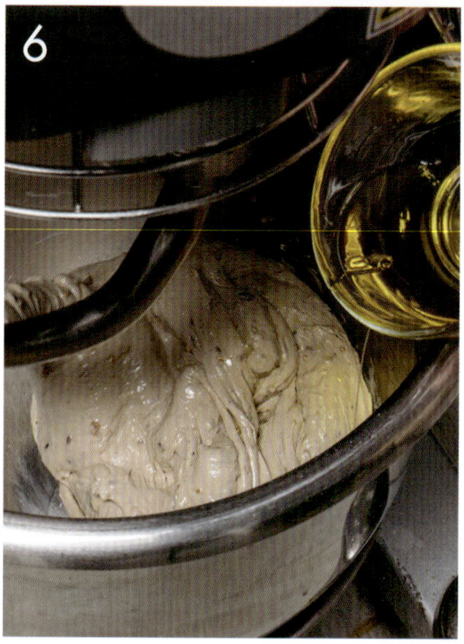
6

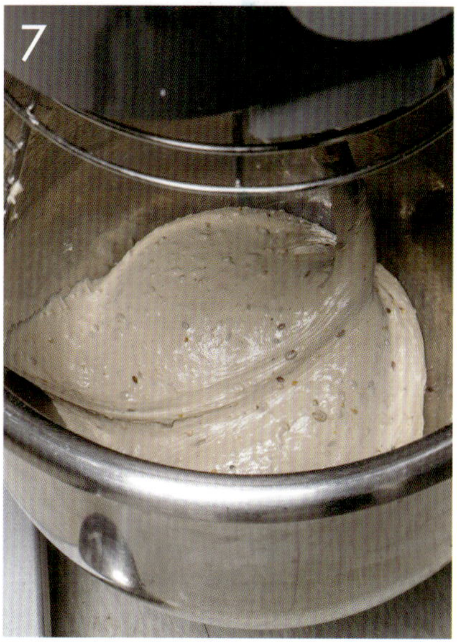
7

How to make

主麵團

❶ 將波蘭種、特高筋麵粉、黑麥穀粒粉、燕麥粉、酵母和水放入攪拌盆中。

POINT
- 酵母在 30～35℃ 時最活躍。若使用冰水或熱水，可能會令一部分酵母死亡，因此水的溫度極為重要。
- 可以用黑麥穀粒粉取代燕麥粉。

❷ 以慢速（約3分鐘）－中速（約1分鐘）進行攪拌。

❸ 當麵團中完全沒有水、產生一定的彈性時就加鹽。

❹ 以慢速（約1分鐘）－中速（約3分鐘）進行攪拌。

❺ 當麵團不再黏著盆底時，緩緩地加入 140g 的調節水並持續攪拌 3～4 分鐘。

POINT
- 調節水不要全部一口氣加完，而是一邊確認麵團是否成型一邊少量加入。每 1000g 麵粉，一次不加超過 20g 的水。因此，140g 的水至少要分七次加，讓麵團逐漸水合。
- 一旦更換麵粉或工作環境，調節水的用量就需要隨之增加或減少，所以得經常檢查麵團的狀態來調整水量。

❻ 待調節水全部被麵團吸收後，一邊緩緩地倒入橄欖油，一邊攪拌約 3 分鐘。

POINT 將橄欖油倒在攪拌盆的壁面，使其緩慢地流入麵團中。待橄欖油全部被麵團吸收後，就可以結束攪拌。

❼ 麵團的理想最終溫度為 24～25℃，此時會呈現光滑又有光澤的狀態。

POINT
- 由於含有黑麥等多種穀物，攪拌時會感覺到麵團有些許黏稠感，請注意不要攪拌過度，避免達到過度階段（Let-down stage，麵團失去彈性及延展性）。
- 假如最終麵團的溫度更低或更高，發酵時間就需要延長或縮短。因此，攪拌結束後確認溫度是一項重要程序，才能在低溫發酵後得到理想的製品。

How to make

❽ 將麵團移到塗好橄欖油的發酵盒中,然後放入 25℃ – 75% 的發酵箱中,進行第一次發酵約 20 分鐘。

POINT
- 這裡使用尺寸為 32.5×35.3×10cm 的發酵盒。
- 用波蘭種做出的麵團有著良好的發酵力,所以需特別留意不能超過時間。萬一發酵超過 20 分鐘,請進行摺疊,接著放進冷凍庫一下子、快速降溫,再放回低溫(冷藏)進行發酵。

❾ 從上、下、左、右摺疊麵團。

❿ 放入 8℃ 冰箱中,進行低溫發酵 12～15 小時。

⓫　將麵團移至室溫，待溫度回到 16℃ 時，移到工作檯上。

POINT　為了防止沾黏，請先在麵團上及工作檯面撒手粉，再移動麵團。當麵團溫度回到 16℃ 時即可開始操作，只要在 20℃ 以下都能製作出佛卡夏。

⓬　將麵團分割成每塊 150g。

POINT　如果想做出一整片的佛卡夏，直接在烤盤上塗抹橄欖油後，把麵團放上去，再用手指推展即可。

⓭　輕柔地將麵團滾圓。

POINT　滾圓之後會靜置 30 分鐘，接著塗橄欖油並沾穀物配料，最後再用手指均勻按壓。

⑭　在烤盤上撒手粉後放上麵團。

⑮　置於 27℃ － 75% 發酵箱中靜置約 30 分鐘。

⑯　在麵團上塗抹橄欖油。

POINT　抹油能讓穀物更容易黏在麵團上；也可以用水取代橄欖油。

⑰　拿起麵團，用塗有橄欖油的那一面沾綜合穀物配料。

POINT　事先將所有穀物配料放入碗中攪拌均勻備用。

⑱　將麵團放在鋪好烤盤布的木板上。

將佛卡夏麵團
整形成圓形

⓳　用手指在麵團上平均間隔地輕壓出凹洞。

POINT　用手指按壓麵團之後，麵團形狀會變得較寬較扁，達到適合用做三明治的高度。反之，保持圓形狀態進行發酵，則會變得更高。各位可以根據使用目的來決定整形方式，以烘烤出理想的造型。

⓴　將麵團放入 27℃ － 75% 的發酵箱中，進行第二次發酵約 30 分鐘。接著放入烤箱，溫度設為上火 250℃、下火 210℃，並在注入蒸汽約 3～4 秒後，烘烤 10 分鐘。

POINT　● 此處使用的是歐式層次烤箱。若是使用旋風烤箱，將麵團放入預熱至 250℃ 的烤箱中，並在注入蒸汽 3 次（共 4 秒）後，調降至 200℃，烘烤 10 分鐘。

● 如果烤箱的蒸汽功能是以 % 來設定（例如 UNOX 烤箱），就事先設定成 80%，在充滿濕氣時放入麵團，並在體積開始膨脹時調成 0%。

● 在烘烤出爐的佛卡夏表面塗上橄欖油。

03
ONION FOCACCIA

洋蔥佛卡夏

我可以充滿自信地說，這本書裡的每一份食譜都非常美味，但如果非要我從中選出最喜歡的一個，我最先想到的就是這一款洋蔥佛卡夏。光是咬下一口，就彷彿喝到洋蔥濃湯，滿嘴都會充斥著洋蔥獨有的味道和香氣。這款佛卡夏完美融合了波蘭種的輕微發酵香氣及洋蔥的濃郁風味，請各位務必試試看。

| 波蘭種 | 第一次低溫發酵（8°C） | 200g 約12個 | DECK 250°C／210°C 12分鐘 | CONVECTION 250°C → 200°C 12分鐘 |

Process

- 準備波蘭種
- → 攪拌主麵團（麵團最終溫度24～25°C）
- → 第一次發酵（25°C－75%－20分鐘）
- → 摺疊
- → 第一次低溫發酵（8°C－12～15小時）
- → 回溫至16°C
- → 分割（200g）
- → 靜置（27°C－75%－40分鐘）
- → 整形
- → 擺上配料
- → 第二次發酵（27°C－75%－30分鐘）
- → 烘烤

Ingredients

波蘭種（參考 P.204）

高筋麵粉	400g
水	400g
酵母（燕子牌半乾酵母紅裝）	1g
TOTAL	801g

主麵團

波蘭種	全部的量
特高筋麵粉（SILVER STAR）	400g
T65 法國麵粉	200g
酵母（燕子牌半乾酵母紅裝）	1g
水（30°C）	350g
鹽	18g
調節水	100g
橄欖油	70g
TOTAL	1940g

烤洋蔥（參考 P.230）

洋蔥	800g
橄欖油	40g
胡椒	1g
細鹽	2g

餡料

烤洋蔥	400g
生洋蔥	140g

配料　洋蔥、帕馬森起司絲、胡椒、乾辣椒片 適量

ONION FOCACCIA

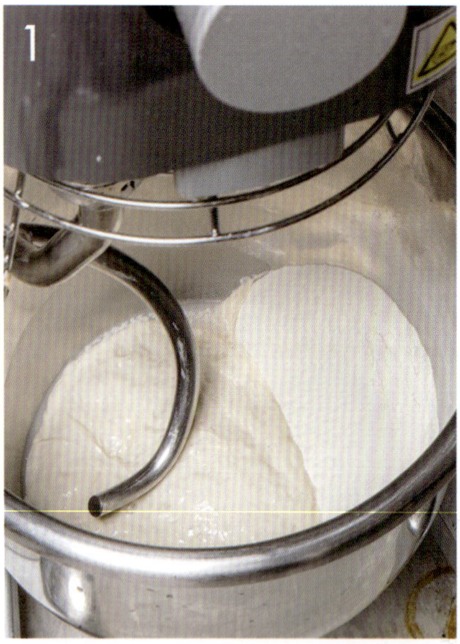
1

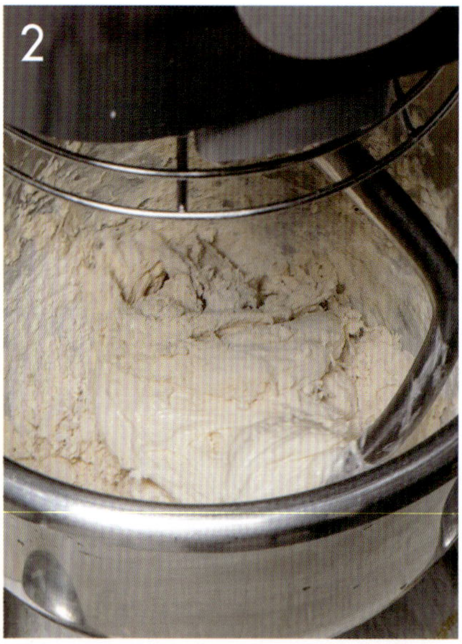
2

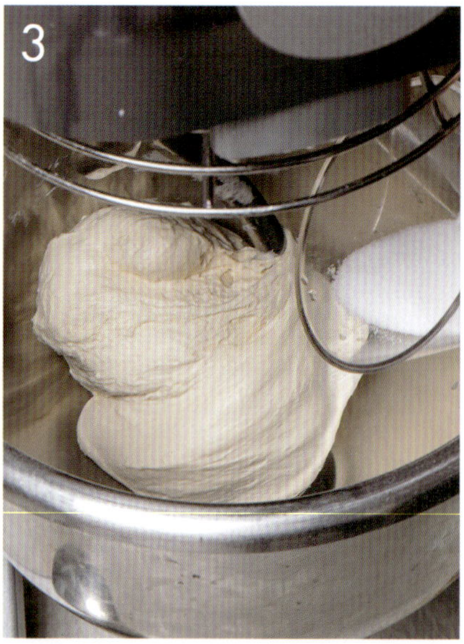
3

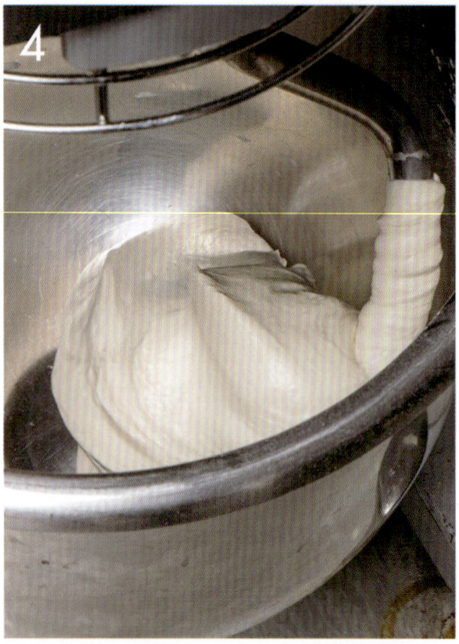
4

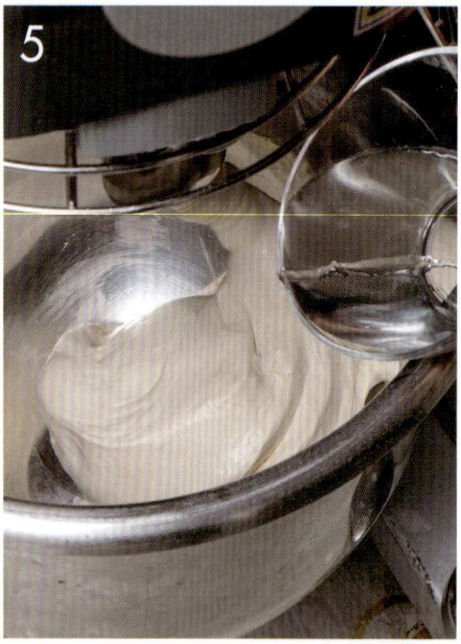
5

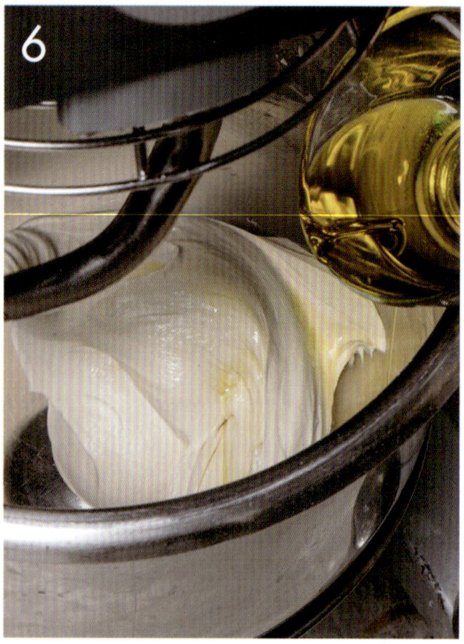
6

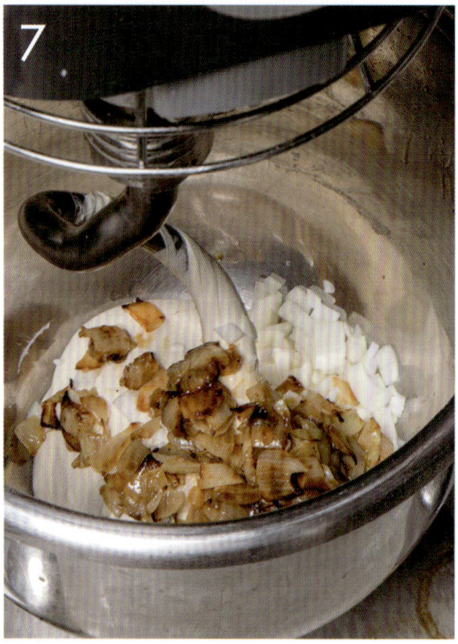
7

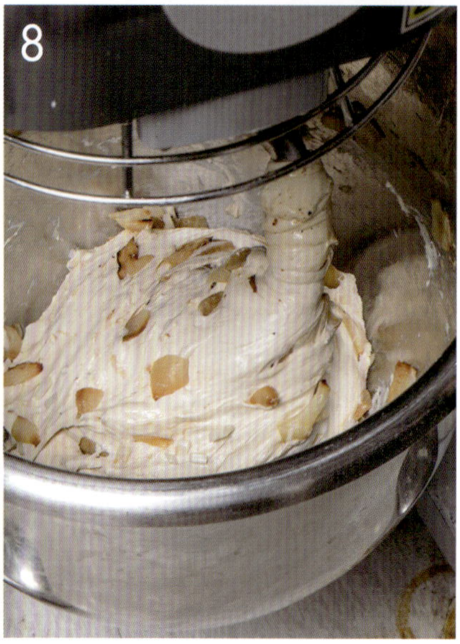
8

How to make

主麵團

❶ 將波蘭種、特高筋麵粉、T65 法國麵粉、酵母和水放入攪拌盆中。

POINT 酵母在 30 ～ 35℃ 時最活躍。若使用冰水或熱水，可能會令一部分酵母死亡，因此水的溫度極為重要。

❷ 以慢速（約 3 分鐘）－中速（約 1 分鐘）進行攪拌。

❸ 當麵團中完全沒有水、產生一定的彈性時就加鹽。

❹ 以慢速（約 1 分鐘）－中速（約 3 分鐘）進行攪拌。

❺ 當麵團不再黏著盆底時，緩緩地加入 100g 的調節水並持續攪拌 3 ～ 4 分鐘。

POINT
- 調節水不要全部一口氣加完，而是一邊確認麵團是否成型一邊少量加入。每 1000g 麵粉，一次不加超過 20g 的水。因此，100g 的水至少要分五次加，讓麵團逐漸水合。
- 一旦更換麵粉或工作環境，調節水的用量就需要隨之增加或減少，所以得經常檢查麵團的狀態來調整水量。

❻ 待調節水全部被麵團吸收後，一邊緩緩地倒入橄欖油，一邊攪拌約 3 分鐘。

POINT 將橄欖油倒在攪拌盆的壁面，使其緩慢地流入麵團中。

❼ 放入餡料，輕柔地攪拌。

POINT 烘烤過後的洋蔥內含水分，如果攪拌的時間太短，水分沒有融入到麵團中，將會影響下一個步驟，因此必須攪拌到所有材料混合均勻。

❽ 麵團的理想最終溫度為 24 ～ 25℃，此時會呈現光滑又有光澤的狀態。

POINT 假如最終麵團的溫度更低或更高，發酵時間就需要延長或縮短。因此，攪拌結束後確認溫度是一項重要程序，才能在低溫發酵後得到理想的製品。

9

10

How to make

⑨ 將麵團移到塗好橄欖油的發酵盒中，然後放入 25℃ － 75% 的發酵箱中，進行第一次發酵約 20 分鐘。

POINT　● 這裡使用尺寸為 32.5×35.3×10cm 的發酵盒。

● 用波蘭種做出的麵團有著良好的發酵力，所以需特別留意不能超過時間。萬一發酵超過 20 分鐘，請進行摺疊，接著放進冷凍庫一下子、快速降溫，再放回低溫 (冷藏) 進行發酵。

⑩ 從上、下、左、右摺疊麵團。

⑪ 放入 8℃ 冰箱中，進行低溫發酵 12～15 小時。

12

⓬ 將麵團移至室溫，待溫度回到 16℃ 時，移到工作檯上。

POINT 為了防止沾黏，請先在麵團上及工作檯面撒手粉，再移動麵團。當麵團溫度回到 16℃ 時即可開始操作，只要在 20℃ 以下都能製作出佛卡夏。

⓭ 將麵團分割成每塊 200g。

⓮ 輕柔地將麵團滾圓。

⓯ 將麵團放到鋪好烤盤布的木板上。

POINT 也可以放在塗了橄欖油的烤盤來操作，之後要整形成洋蔥頭的形狀會更加順手。

⓰ 靜置於 27℃－75% 發酵箱中約 40 分鐘。

⓱ 在麵團上塗抹橄欖油。

⓲ 用手指在麵團上平均間隔地輕壓。

POINT 這裡會用手指按壓麵團，因每個人的手指粗細不同，戳出的數量會略有差異，一般來説，戳出 15 個左右的凹洞即可。

⓳ 抓住麵團的其中一側，拉長後稍微扭轉，弄出洋蔥頭的樣子。

⓴ 放上事先切好的洋蔥絲。

㉑ 均勻地灑橄欖油。

㉒ 撒帕馬森起司絲。

㉓ 接著撒胡椒。

㉔ 最後撒上乾辣椒片後，放入27℃－75%的發酵箱中進行第二次發酵約30分鐘。

㉕ 將麵團放入烤箱，溫度設為上火250℃、下火210℃，並在注入蒸汽約3～4秒後，烘烤12分鐘。

POINT
● 此處使用的是歐式層次烤箱。若是使用旋風烤箱，將麵團放入預熱至250℃的烤箱中，並在注入蒸汽3次（共4秒）後，調降至200℃，烘烤12分鐘。

● 如果烤箱的蒸汽功能是以%來設定（例如UNOX烤箱），就事先設定成80%，在充滿濕氣時放入麵團，並在體積開始膨脹時調成0%。

● 在烘烤出爐的佛卡夏表面塗上橄欖油。

How to make　整形成洋蔥模樣

拉長其中一側的麵團，擰一圈後固定在底部上。

ONION FOCACCIA

How to make <u>烤洋蔥</u>

❶ 先將洋蔥切成 1.5cm 的塊狀。

❷ 依序撒上鹽、胡椒和橄欖油。

❸ 將所有材料拌勻。

❹ 再將洋蔥分散地放入鋪好烘焙紙的烤盤上。

❺ 用 220℃烘烤 5～6 分鐘後冷卻備用。

POINT 如果用平底鍋炒洋蔥，會產生較多的水分，或者形狀變得碎裂；相對地，若是用烤箱烤洋蔥，不僅可避免缺點，做出的佛卡夏還會帶有炙燒香味。

ONION FOCACCIA

04
BACON & GARLIC FOCACCIA

培根蒜香佛卡夏

為了做出更特別的佛卡夏，經過一番苦思後，我決定用蒜油取代橄欖油。先把大蒜泡入橄欖油中並烘烤，然後將大蒜當作上層配料，至於蒜油則加進麵團裡。再加上培根和青蔥，就完成這道可以拿來當正餐食用，讓人印象深刻的佛卡夏！

波蘭種　第一次低溫發酵（8℃）	200g 約12個	DECK 250℃／210℃ 12分鐘　CONVECTION 250℃ → 190℃ 12分鐘

Process

- 準備波蘭種
- → 攪拌主麵團（麵團最終溫度24～25℃）
- → 第一次發酵（25℃－75%－20分鐘）
- → 摺疊
- → 第一次低溫發酵（8℃－12～15小時）
- → 回溫至16℃
- → 分割（200g）
- → 靜置（27℃－75%－30分鐘）
- → 整形
- → 擺上配料
- → 第二次發酵（27℃－75%－20分鐘）
- → 烘烤

Ingredients

波蘭種 ●（參考 P.204）

高筋麵粉	400g
水	400g
酵母（燕子牌半乾酵母紅裝）	1g
TOTAL	801g

主麵團

波蘭種 ●	全部的量
特高筋麵粉（SILVER STAR）	400g
T65 法國麵粉	200g
酵母（燕子牌半乾酵母紅裝）	1g
水（30℃）	350g
鹽	18g
調節水	140g
蒜油 ●	60g
TOTAL	1970g

烤大蒜＆蒜油 ●（參考 P.240）

大蒜	200g
橄欖油	200g
乾辣椒片	2g
胡椒	適量

油拌青蔥 ●（參考 P.241）

青蔥	200g
橄欖油	16g
鹽	適量
胡椒	適量

餡料

胡椒	2g
百里香	2g
培根	260g
青蔥	150g

配料　烤大蒜 ●、墨西哥辣椒、艾曼塔起司絲 適量

BACON & GARLIC FOCACCIA

232 – 233

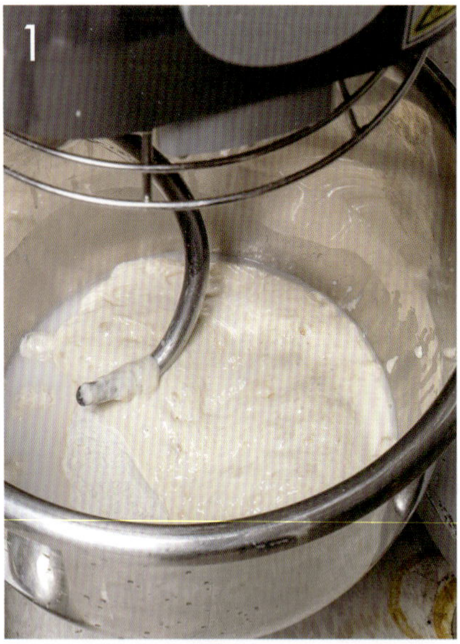
1
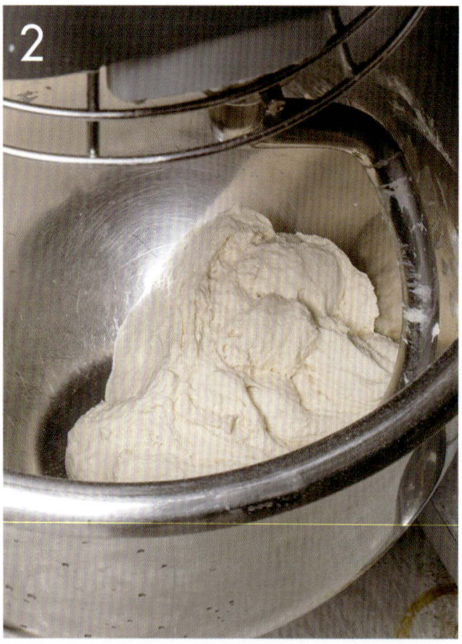
2
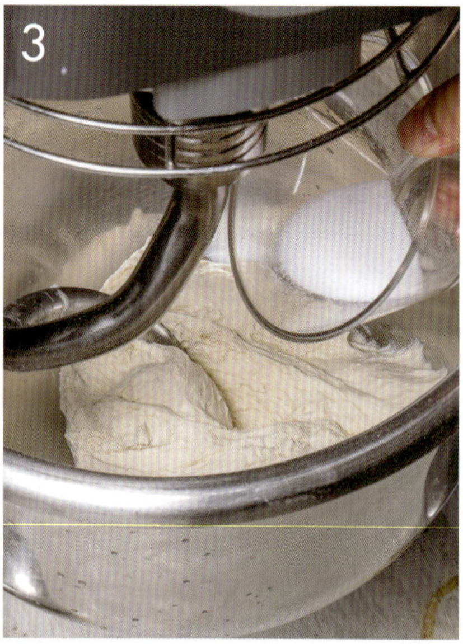
3
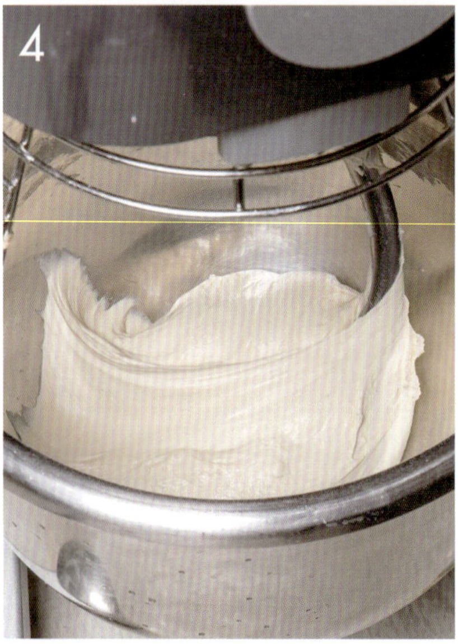
4
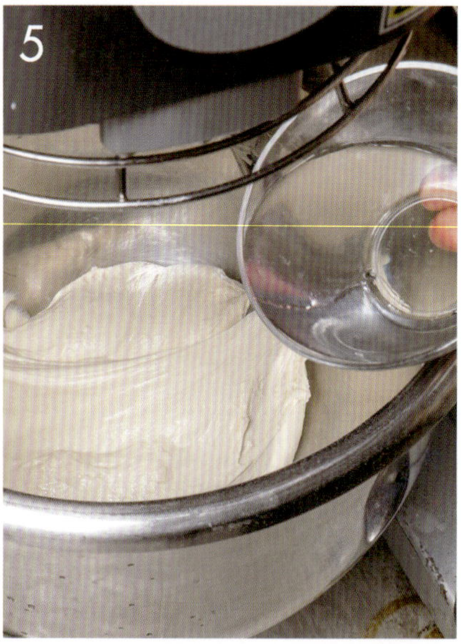
5
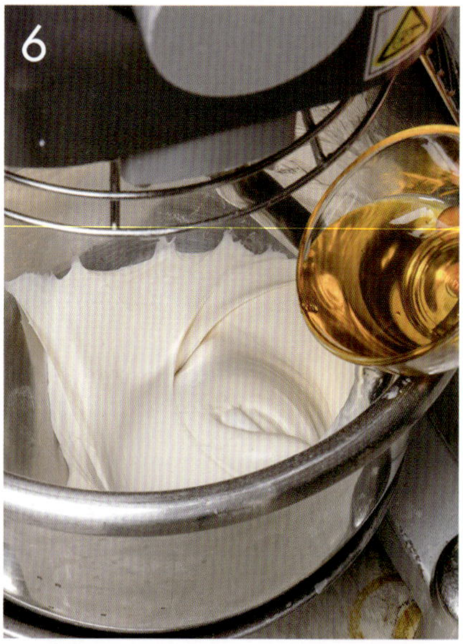
6
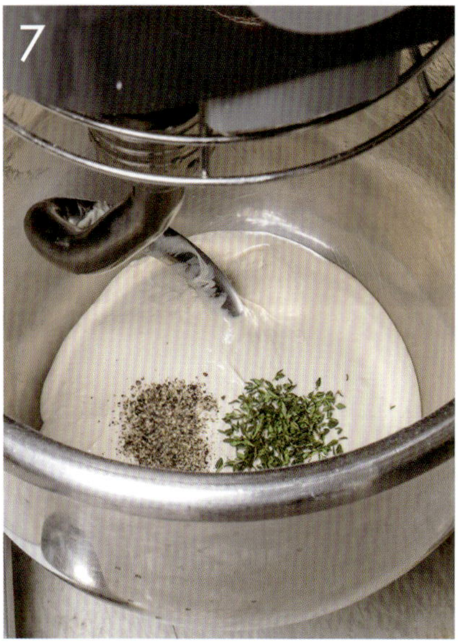
7
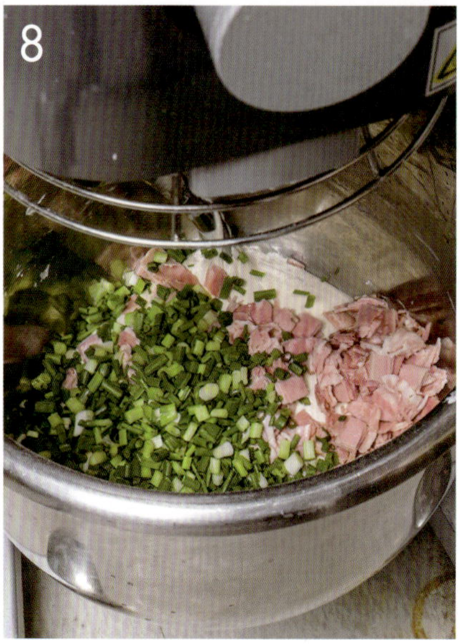
8
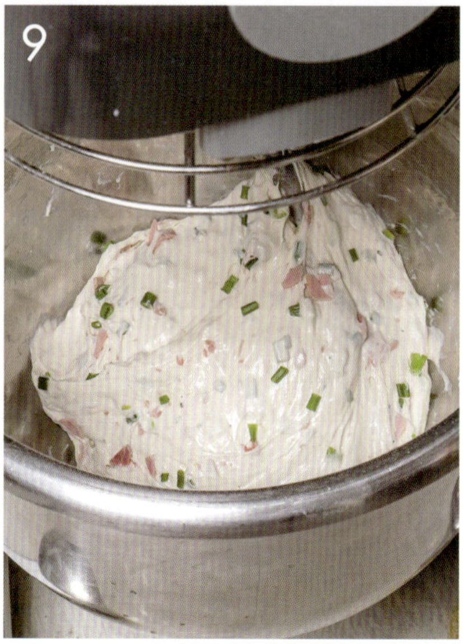
9

How to make

主麵團

❶ 將波蘭種、特高筋麵粉、T65 法國麵粉、酵母和水放入攪拌盆中。

POINT 酵母在 30～35℃ 時最活躍。若使用冰水或熱水，可能會令一部分酵母死亡，因此水的溫度極為重要。

❷ 以慢速（約 3 分鐘）－中速（約 1 分鐘）進行攪拌。

❸ 當麵團中完全沒有水、產生一定的彈性時就加鹽。

❹ 以慢速（約 1 分鐘）－中速（約 3 分鐘）進行攪拌。

❺ 當麵團不再黏著盆底時，緩緩地加入 140g 的調節水並持續攪拌 3～4 分鐘。

POINT
● 調節水不要全部一口氣加完，而是一邊確認麵團是否成型一邊少量加入。每 1000g 麵粉，一次不加超過 20g 的水。因此，140g 的水至少要分七次加，讓麵團逐漸水合。

● 一旦更換麵粉或工作環境，調節水的用量就需要隨之增加或減少，所以得經常檢查麵團的狀態來調整水量。

❻ 待調節水被麵團吸收後，一邊緩緩地倒入蒜油，一邊攪拌約 3 分鐘。

POINT 將蒜油倒在攪拌盆的壁面，使其緩慢地進入麵團中。

❼ 放入胡椒和百里香，輕柔地攪拌。

❽ 再放入培根和青蔥，輕柔地攪拌。

POINT 事先將培根和青蔥切成小丁。

❾ 麵團的理想最終溫度為 24～25℃，此時會呈現光滑又有光澤的狀態。

POINT 假如最終麵團的溫度更低或更高，發酵時間就需要延長或縮短。因此，攪拌結束後確認溫度是一項重要程序，才能在低溫發酵後得到理想的製品。

How to make

⑩ 將麵團移到塗好橄欖油的發酵盒中,然後放入 25℃ － 75% 的發酵箱中,進行第一次發酵約 20 分鐘。

POINT
● 這裡使用尺寸為 32.5×35.3×10cm 的發酵盒。
● 用波蘭種做出的麵團有著良好的發酵力,所以需特別留意不能超過時間。萬一發酵超過 20 分鐘,請進行摺疊,接著放進冷凍庫一下子、快速降溫,再放回低溫(冷藏)進行發酵。

⑪ 從上、下、左、右摺疊麵團。

⑫ 放入 8℃ 冰箱中,進行低溫發酵 12 ～ 15 小時。

⓭ 將麵團移至室溫，待溫度回到 16℃ 時，移到工作檯上。

POINT 為了防止沾黏，請先在麵團上及工作檯面撒手粉，再移動麵團。當麵團溫度回到 16℃ 時即可開始操作，只要在 20℃ 以下都能製作出佛卡夏。

⓮ 將麵團分割成每塊 200g。

⓯ 輕柔地將麵團滾圓。

⓰ 將麵團移至撒滿手粉的烤盤上。

⓱ 靜置於 27℃ － 75% 發酵箱中約 30 分鐘。

❽ 在工作檯上撒手粉後再放上麵團。

POINT 將高筋麵粉與粗粒小麥粉以一比一的比例混合,作為手粉使用。

⓳ 把麵團從三個邊往內折,整形成三角形。

⓴ 按壓集中在中央的麵團,以固定住形狀。

POINT 如果麵團的末端沒有聚集在中央,之後中間部分的高度可能會降低,而形成中央下沉的形狀,因此務必留意此點。

㉑ 將麵團放在鋪好烤盤布的木板上,接著在上層塗抹橄欖油。

㉒ 用手指在麵團上平均間隔地輕壓出凹洞。

㉓ 放上烤大蒜。

20

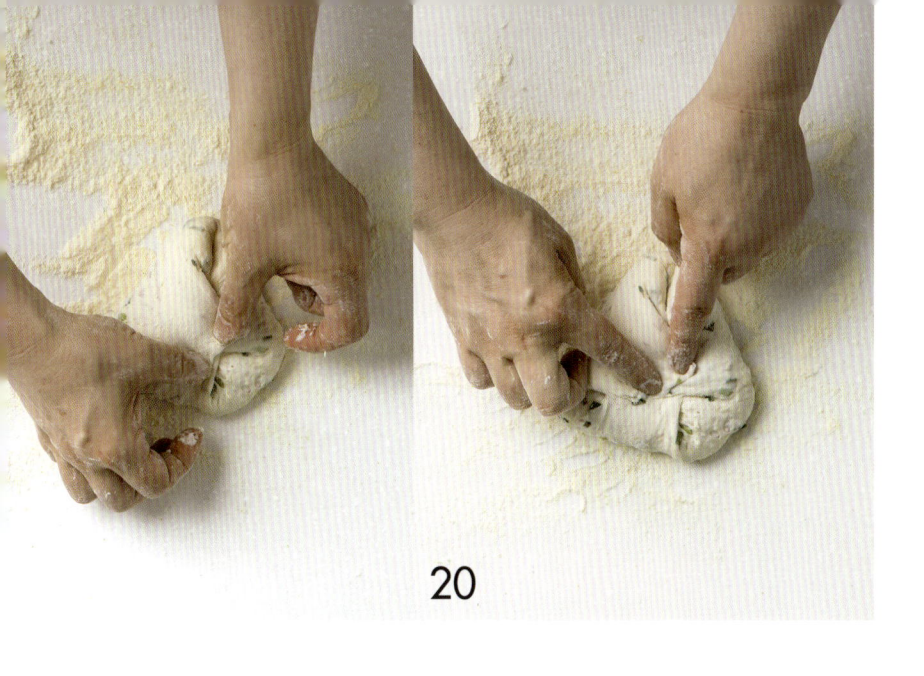

將佛卡夏麵團
整形成三角形

㉔　放上墨西哥辣椒。

㉕　再放上油拌青蔥。

㉖　最後撒上艾曼塔起司絲後,放入 27℃－75% 的發酵箱中進行第二次發酵約 20 分鐘。接著將麵團放入烤箱,溫度設為上火 250℃、下火 210℃,並在注入蒸汽約 3～4 秒後,烘烤 12 分鐘。

POINT
● 此處使用的是歐式層次烤箱。若是使用旋風烤箱,將麵團放入預熱至 250℃ 的烤箱中,並在注入蒸汽 3 次(共 4 秒)後,調降至 190℃,烘烤 12 分鐘。

● 如果烤箱的蒸汽功能是以 % 來設定(例如 UNOX 烤箱),就事先設定成 80%,在充滿濕氣時放入麵團,並在體積開始膨脹時調成 0%。

● 在烘烤出爐的佛卡夏表面塗上橄欖油。

24　25　26

How to make 烤大蒜 & 蒜油

| 1 | 2 | 3 |

---

❶ 用烤箱專用器皿裝所有材料。

❷ 用 160℃ 烘烤 16 分鐘。

❸ 把大蒜與蒜油過篩分開,並冷卻備用。

POINT　加工過的大蒜當作麵團的配料使用。濾出來的蒜油則加進麵團裡攪拌,亦可拿來炒洋蔥。

How to make 油拌青蔥

1
2
3

❶ 將青蔥切段,長度約為一節手指長。

❷ 撒鹽、胡椒和橄欖油。

❸ 充分拌勻即可。

05
TRUFFLE FOCACCIA
松露佛卡夏

蕈菇是我個人非常喜歡的食材,也是我在製作麵包時經常使用的材料之一。以鮮奶油為基底製作蘑菇醬後,不僅將它加入麵團並塗抹於麵團表面,讓松露的淡雅香氣能滲透其中,並突顯蕈菇的濃郁感。另外於上層鋪滿蕈菇來增添咀嚼感,並添加芝麻菜和巴薩米克醋做出完美搭配。無論是誰只要吃過一次都會深受感動。

波蘭種 / 第一次低溫發酵(8℃)	150g 約13個	
DECK	260℃/210℃ 5分鐘 250℃/210℃ 5分鐘	
CONVECTION	250℃ → 220℃ 5分鐘 230℃ 5分鐘	

Process

- 準備波蘭種
- → 攪拌主麵團(麵團最終溫度24～25℃)
- → 第一次發酵(25℃－75%－20分鐘)
- → 摺疊
- → 第一次低溫發酵(8℃－12～15小時)
- → 回溫至16℃
- → 分割(150g)
- → 靜置(27℃－75%－40分鐘)
- → 整形
- → 擺上配料
- → 預烤
- → 擺上配料
- → 烘烤

Ingredients

波蘭種 ●(參考 P.204)

高筋麵粉	400g
水	400g
酵母(燕子牌半乾酵母紅裝)	2g
TOTAL	802g

油拌蕈菇 ●(參考 P.251)

綜合蕈菇	600g
鹽	2g
胡椒	0.8g
橄欖油	50g

蘑菇醬 ●(參考 P.250)

蘑菇	240g
鮮奶油	200g
動物性淡奶油(MILRAM,乳脂含量 35%)	100g
鹽	適量
胡椒	適量
格拉納帕達諾起司粉	40g
黑松露醬(ARTIGIANI DEL TARTUFO)	10g

主麵團

波蘭種 ●	全部的量
特高筋麵粉(SILVER STAR)	400g
T6 法國麵粉	200g
酵母(燕子牌半乾酵母紅裝)	1g
水(30℃)	370g
鹽	18g
調節水	140g
蘑菇醬 ●	60g
橄欖油	60g
松露油	5g
TOTAL	2056g

配料 帕馬森起司絲、艾登起司、格拉納帕達諾起司(粉&塊)、巴薩米克醋、芝麻菜 適量

TRUFFLE FOCACCIA

242 – 243

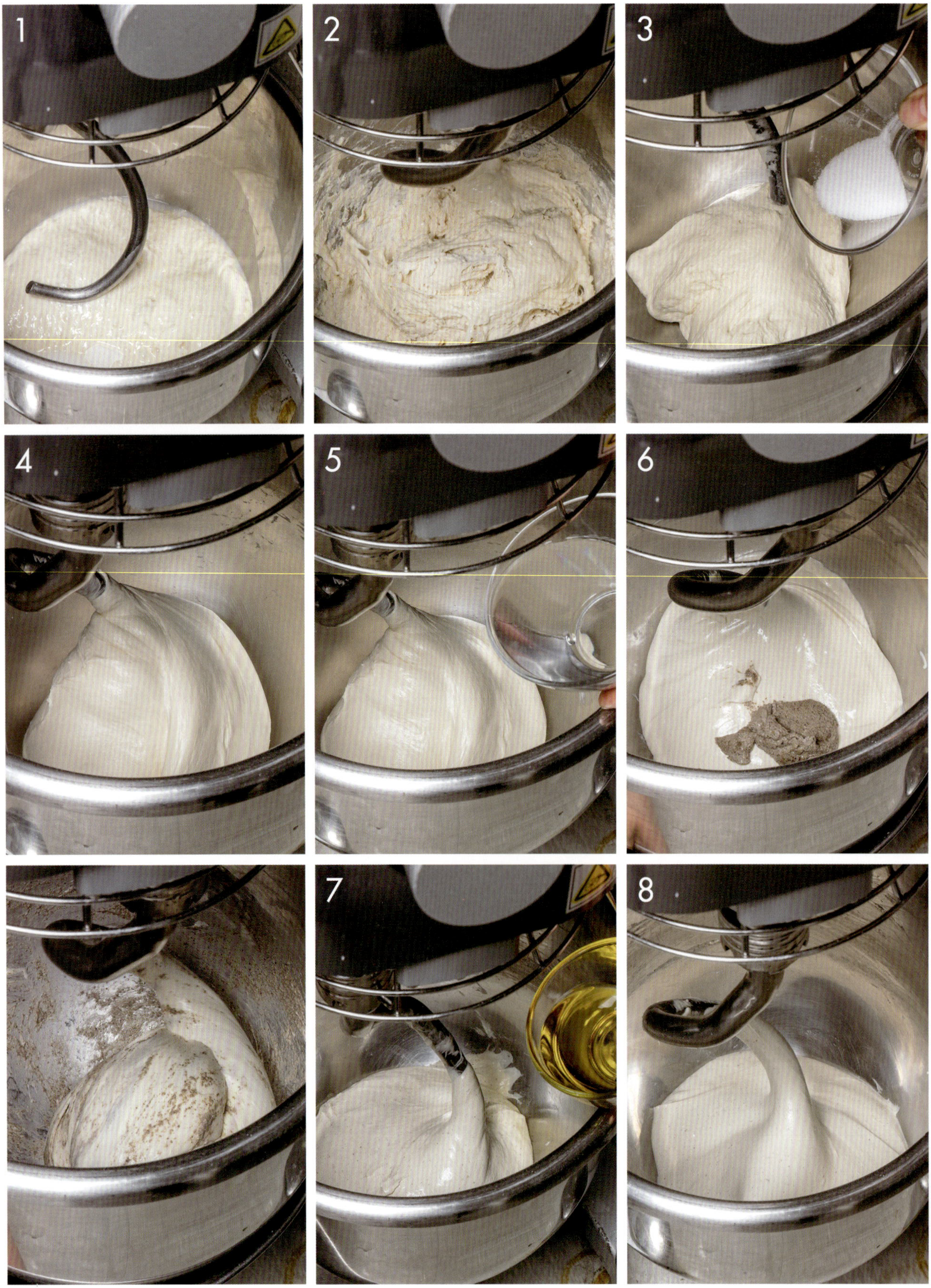
1
2
3
4
5
6
7
8

How to make

主麵團

❶ 將波蘭種、特高筋麵粉、T65 法國麵粉、酵母和水放入攪拌盆中。

POINT 酵母在 30～35℃ 時最活躍。若使用冰水或熱水,可能會令一部分酵母死亡,因此水的溫度極為重要。

❷ 以慢速(約 3 分鐘)－中速(約 1 分鐘)進行攪拌。

❸ 當麵團中完全沒有水、產生一定的彈性時就加鹽。

❹ 以慢速(約 1 分鐘)－中速(約 3 分鐘)進行攪拌。

❺ 當麵團不再黏著盆底時,緩緩地加入 140g 的調節水並持續攪拌 3～4 分鐘。

POINT
● 調節水不要全部一口氣加完,而是一邊確認麵團是否成型一邊少量加入。每 1000g 麵粉,一次不加超過 20g 的水。因此,140g 的水至少要分七次加,讓麵團逐漸水合。

● 一旦更換麵粉或工作環境,調節水的用量就需要隨之增加或減少,所以得經常檢查麵團的狀態來調整水量。

❻ 待調節水全部被麵團吸收後,加入蘑菇醬並攪拌。

❼ 攪勻蘑菇醬後,一邊緩緩地倒入橄欖油與松露油,一邊攪拌約 3 分鐘。

POINT 將橄欖油與松露油倒在攪拌盆的壁面,使其緩慢地流入麵團中。

❽ 麵團的理想最終溫度為 24～25℃,此時會呈現光滑又有光澤的狀態。

POINT 假如最終麵團的溫度更低或更高,發酵時間就需要延長或縮短。因此,攪拌結束後確認溫度是一項重要程序,才能在低溫發酵後得到理想的製品。

9

10

How to make

❾ 將麵團移到塗好橄欖油的發酵盒中,然後放入 25℃－75% 的發酵箱中進行第一次發酵約 20 分鐘。

POINT ● 這裡使用尺寸為 32.5×35.3×10cm 的發酵盒。

● 用波蘭種做出的佛卡夏有著良好的發酵力,所以需特別留意不能超過時間。萬一發酵超過 20 分鐘,請進行摺疊,接著放進冷凍庫一下子、快速降溫,再放回低溫(冷藏)進行發酵。

❿ 從上、下、左、右摺疊麵團。

⓫ 放入 8℃冰箱中,進行低溫發酵 12 ～ 15 小時。

12

13

❷ 將麵團移至室溫，待溫度回到 16℃ 時，移到工作檯上。

POINT 為了防止沾黏，請先在麵團上及工作檯面撒手粉，再移動麵團。當麵團溫度回到 16℃ 時即可開始操作，只要在 20℃ 以下都能製作出佛卡夏。

❸ 將麵團分割成每塊 150g。

❹ 輕柔地將麵團滾圓。

⓯　將麵團放到鋪好烤盤布的木板上。

⓰　靜置於 27℃ － 75% 發酵箱中約 40 分鐘。

⓱　在麵團上均勻塗抹橄欖油。

⓲　用手指在麵團上平均間隔地輕壓出凹洞。

POINT　將麵團邊緣弄成圓圓的形狀,看起來就會更可口。

⓳　每塊麵團都塗抹 22g 蘑菇醬。

⓴　放上帕馬森起司絲以及切成適口大小的艾登起司。

POINT　可依喜好更換起司種類。

㉑　將麵團放入烤箱，溫度設為上火 260℃、下火 210℃，並在注入蒸汽約 3～4 秒後，烘烤 5 分鐘。

POINT　此處使用的是歐式層次烤箱。若是使用旋風烤箱，將麵團放入預熱至 250℃ 的烤箱中，並在注入蒸汽 3 次（共 4 秒）後，調降至 220℃，烘烤 5 分鐘。

㉒　每塊麵團都放上 60g 油拌蕈菇。

㉓　撒上格拉納帕達諾起司粉。

㉔　再次將麵團放入烤箱，溫度設為上火 250℃、下火 210℃ 後，烘烤 5 分鐘。

POINT　● 若是使用旋風烤箱，先把烤箱預熱至 230℃，再放入麵團烘烤 5 分鐘。

　　　　● 在此步驟將佛卡夏放在烤盤上烘烤，完成的質地會更加柔軟。

　　　　● 在烘烤出爐的佛卡夏表面塗上橄欖油。

　　　　● 享用之前（或是陳列在店鋪之前），在佛卡夏上灑巴薩米克醋、放芝麻菜，並用刨刀磨碎格拉納帕達諾起司後撒上去。

248 - 249

將佛卡夏麵團
整形成圓形

How to make 蘑菇醬

❶ 湯鍋中放入切薄片的蘑菇、鮮奶油、淡奶油、鹽和胡椒。
POINT 可用鮮奶油取代淡奶油。
❷ 開中火，用刮刀拌炒。
❸ 當開始收汁、總重達 350～360g 時，移開火源。
❹ 將鍋中材料移至調理碗中，加入格拉納帕達諾起司粉以及松露醬，用均質機等工具研磨後備用。

How to make 油拌蕈菇

❶ 綜合蕈菇洗淨後,剝成適口大小備用。
POINT 可依喜好選用不同菇類。
❷ 撒鹽、胡椒和橄欖油。
❸ 將所有材料拌勻備用。

"
在這個食譜中,
我把鴻禧菇和秀珍菇混在一起使用。
大家也可以用當季的蕈菇,
或選擇自己喜歡的菇類。
"

TRUFFLE FOCACCIA

: 了解半烘焙冷凍麵團　　　256

FOCACCIA SANDWICH

01. 卡布里佛卡夏三明治　　　258
02. 菠菜培根佛卡夏三明治　　　262
03. 火腿胡蘿蔔拉菲佛卡夏三明治　　　266
04. 義大利熟火腿佛卡夏三明治　　　270
05. 手撕豬肉迷你佛卡夏三明治　　　274

FOCACCIA PIZZA

01. 烤蔬菜燉肉醬佛卡夏披薩　　　278
02. 韭蔥義式臘腸佛卡夏披薩　　　282
03. 茄子醬佛卡夏披薩　　　284
04. 番茄羅勒佛卡夏披薩　　　290

SALAD & SOUP

01. 義式番茄沙拉　　　294
02. 凱薩沙拉　　　296
03. 洋菇湯佐佛卡夏麵包片　　　298

CCIA

PART **9**

佛卡夏的
應用食譜

"
本章中的佛卡夏三明治食譜，
可以使用前面介紹過的任一種麵團。
我使用的是以義大利種製成的基本款麵團，
並且分割成每塊60g～80g的大小。
"

basic

了解半烘焙冷凍麵團

近期許多烘焙店都會使用半烘焙冷凍麵團，以應對因人力不足而導致的生產效率下降的情況。這些經過烘烤再冷凍保存的麵團，最常被用來製作成三明治等輕食，也適合作為餐廳的餐前麵包。

如何製作半烘焙冷凍麵團

① 將佛卡夏麵團分割成 80g 並整形成圓形，接著放入烤箱，以上火 260℃、下火 220℃ 烘烤 6 分鐘。（烤製後的重量為 65.9g）
 → 此處使用的是歐式層次烤箱。若是使用旋風烤箱，烤箱先預熱至 250℃，再調降至 210℃，烘烤 6 分鐘。

② 佛卡夏烤完後冷卻，接著用保鮮膜密封，防止與空氣接觸，並置於冷凍庫保存。
 → 如果利用極速冷凍庫冷凍，再移至 -20℃ 下保存，就可以讓麵包保持在最佳狀態。

③ 使用前放至室溫下解凍，然後以第一次烘烤時的同樣溫度，稍微再烤一下即可。（我會烤到水分蒸發了 3.4g 為止，最終重量為 62.5g。）
 → 烘烤的時間與溫度可依照個別想要的口感來調整。另外，麵包經長時間冷凍會流失水分，這時，烘烤條件也會有所差異。

FOCACCIA (HOT) SANDWICH 01

CAPRESE FOCACCIA SANDWICH

卡布里佛卡夏三明治

這是把對半切的佛卡夏塗抹義式紅醬,再疊上各種蔬菜和起司後烤來吃的熱三明治。類似的三明治雖然在烘焙店或咖啡廳裡很常見,但通常餡料較少,因此味道上難以保持均衡。試著利用自製的義式紅醬與羅勒醬,讓整體風味更加濃郁吧!

Ingredients

美乃滋芥末醬 ●

美乃滋	100g
第戎芥末醬	15g

義式紅醬 ●

橄欖油	15g
紅蔥	80g
蒜泥	5g
番茄泥	400g
羅勒	2g
奧勒岡	0.5g
鹽	適量
胡椒	適量

How to make

將美乃滋和第戎芥末醬放入碗中攪拌。

POINT
● 若喜歡含籽的芥末醬,就用顆粒芥末醬代替。
● 若想呈現更濃厚的芥末味,可以把芥末醬的用量增加一倍。
● 再加入 10g 蜂蜜或楓糖,能做出更香甜的醬汁。這種帶甜味的醬汁也適合用在其他類型的三明治。

❶ 平底鍋中倒入橄欖油,加熱後加入紅蔥拌炒。
❷ 紅蔥炒到變黃時加蒜泥,繼續拌炒。
POINT 若是使用冷凍紅蔥,無須解凍、直接烹飪即可。
❸ 蒜泥炒熟炒香後,加入番茄泥繼續加熱。
❹ 煮滾時加入羅勒、奧勒岡、鹽和胡椒並攪拌,接著在下一次沸騰時關火,冷卻備用。
POINT 羅勒使用新鮮或冷凍的皆可。

CAPRESE FOCACCIA SANDWICH

Ingredients

卡布里佛卡夏三明治
（一份）

佛卡夏	1 個
美乃滋芥末醬 ●	10g
番茄切片	2 片
義式紅醬 ●	15g
莫札瑞拉新鮮起司	20g
羅勒醬	3.5g
芝麻菜	3g
帕馬森起司粉	3g

＊這裡使用重量為 80g 的圓形佛卡夏。

How to make

❶ 將直徑約 10cm 的佛卡夏對半切。

POINT 取出冷凍狀態的佛卡夏後，先放入預熱至 220℃ 的烤箱中，烘烤約 2 分鐘後再使用。

❷ 在佛卡夏上均勻塗抹美乃滋芥末醬。

POINT 兩片佛卡夏都要塗醬。

❸ 將番茄片去除水分後，放到其中一片佛卡夏上（若番茄較小則放 3 片）。

❹ 塗抹義式紅醬。

❺ 放上切成薄片的莫札瑞拉起司。

❻ 擠羅勒醬。

❼ 放芝麻菜。

❽ 撒帕馬森起司粉。

❾ 將另一片佛卡夏蓋上去即完成。

POINT 放入預熱至 200℃ 的烤箱中，烘烤約 4 分鐘，烤至酥脆即可上桌。

CAPRESE FOCACCIA SANDWICH

FOCACCIA (COLD) SANDWICH 02

SPINACH & BACON FOCACCIA SANDWICH

菠菜培根佛卡夏三明治

這是一款很特別的三明治，放滿了鮮綠可口的菠菜，並搭配番茄、烤培根、格拉納帕達諾起司，以及兩種特製醬汁。雖然外型看起來小小的，但內餡豐富，當作一餐也能有飽足感。想追求營養均衡的人，它也是一道健康的選擇。

Ingredients

美乃滋萊姆醬 ●

美乃滋	24g
萊姆果汁（GIROUX-LIME JUICE）	10g
檸檬汁	2g
細砂糖	9g
鹽	1g

巴薩米克楓糖醬 ●

巴薩米克醋	30g
楓糖	20g
蜂蜜	20g
橄欖油	10g

How to make

將美乃滋萊姆醬的所有材料放入碗中攪拌均勻。

❶ 將巴薩米克醋、楓糖和蜂蜜放入碗中攪拌。

❷ 一邊緩緩地倒入橄欖油，一邊攪拌均勻。

SPINACH & BACON FOCACCIA SANDWICH

Ingredients

菠菜培根佛卡夏三明治
（一份）

佛卡夏	1 個
嫩菠菜	30g
小番茄	20g
烤培根	10g
巴薩米克楓糖醬 🟢	9g
美乃滋萊姆醬 🔴	11g
帕馬森起司	2.5g

* 這裡使用重量為 80g 的圓形佛卡夏。

配料
切成四等分的小番茄、烤培根、
巴薩米克楓糖醬、帕馬森起司
適量

How to make

❶ 將直徑約 10cm 的佛卡夏對半切。

POINT 取出冷凍狀態的佛卡夏後，先放入預熱至 220℃ 的烤箱中，烘烤約 2 分鐘後再使用。

❷ 在其中一片佛卡夏上放 20g 嫩菠菜。

❸ 放上切成四等分的小番茄以及烤培根。

POINT 先將培根烘烤至半熟，切成薄片、去除油脂再使用。

❹ 淋上 5g 巴薩米克楓糖醬和 7g 美乃滋萊姆醬。

❺ 撒上利用刨刀刨成絲的帕馬森起司。

❻ 再放 10g 嫩菠菜。

❼ 淋上 4g 巴薩米克楓糖醬和 4g 美乃滋萊姆醬。

❽ 最後將另一片佛卡夏蓋上去，並在側邊適量塞入各種配料，製造出快滿溢出來的感覺，即完成裝飾。

SPINACH & BACON FOCACCIA SANDWICH

264 – 265

FOCACCIA (COLD) SANDWICH 03

WHOLE MUSCLE HAM & CARROT RAPEES FOCACCIA SANDWICH

火腿胡蘿蔔拉菲佛卡夏三明治

胡蘿蔔拉菲是一道經典的法式沙拉，無論當作三明治的餡料或是配菜都相當出色。我將自製的胡蘿蔔拉菲與切成薄片的柔軟火腿夾入佛卡夏中，再搭配各種蔬菜，製作成這款厚實的三明治。爽脆口感加上酸甜滋味，是一道充滿魅力的料理。

Ingredients

奶油乳酪醬 ●

奶油乳酪（kiri）	100g
第戎芥末醬	15g
蜂蜜	8g

How to make

將奶油乳酪、第戎芥末醬和蜂蜜放入碗中攪拌均勻。

芥末醬 ●

美乃滋	40g
黃芥末	20g
細砂糖	4g

將美乃滋、黃芥末和細砂糖放入碗中攪拌均勻。

WHOLE MUSCLE HAM & CARROT RAPEES FOCACCIA SANDWICH

Ingredients

How to make

辣味美乃滋 ●

| 辣椒醬 (MILLERS HOT & SWEET SAUCE) | 15g |
| 美乃滋 | 15g |

✗ 將辣椒醬和美乃滋放入碗中攪拌均勻。

胡蘿蔔拉菲 ●

胡蘿蔔絲	100g
細砂糖	30g
鹽	2g
白醋	8g
芥末籽醬	3g
橄欖油	4g

1　2　3

❶ 將胡蘿蔔絲、細砂糖、鹽和白醋放入碗中攪拌，置於室溫 30 分鐘進行醃製。

POINT　胡蘿蔔絲的粗細會影響醃製時間的長短，因此請儘量切成相同粗細，並根據粗細調整醃製所需時間。

❷ 用手將醃好的胡蘿蔔絲擰乾，徹底去除水分。

POINT　由於胡蘿蔔中殘留的糖分和鹽分會影響整體口感，因此徹底去除水分是相當重要的步驟。使用蔬菜脫水器也是不錯的方法。

❸ 加入芥末籽醬及橄欖油後拌勻。

火腿胡蘿蔔拉菲
佛卡夏三明治（一份）

佛卡夏	1個
奶油乳酪醬 ●	40g
皺葉萵苣	2片
蘿蔓萵苣	2片
洋蔥切片	3個
番茄切片	3個
鹽	適量
辣味美乃滋 ●	14g
芥末醬 ●	5g
切片火腿	50g
胡椒	適量
胡蘿蔔拉菲 ●	22g
高麗菜絲	10g

* 這裡使用重量為80g的圓形佛卡夏。
* 這裡使用的火腿是一種名為「Whole Muscle Ham」的火腿，由豬肉的整塊肌肉製成，與一般切片火腿相比，具有較豐富的肉香。

❶　將直徑約10cm的佛卡夏對半切。

POINT　取出冷凍狀態的佛卡夏後，先放入預熱至220℃的烤箱中，烘烤約2分鐘後再使用。

❷　分別在兩片佛卡夏上塗抹奶油乳酪醬：下層塗25g、上層塗15g。

❸　鋪上皺葉萵苣和蘿蔓萵苣。

❹　放上洋蔥切片和番茄切片，然後撒些許鹽。

❺　擠7g辣味美乃滋和5g芥末醬。

❻　放上切片火腿，然後撒些許胡椒。

POINT　將火腿撕成適當大小，盡量鋪得厚一點。

❼　放胡蘿蔔拉菲。

❽　放高麗菜絲，再擠7g辣味美乃滋。

❾　最後將另一片佛卡夏蓋上去即完成。

WHOLE MUSCLE HAM & CARROT RAPEES FOCACCIA SANDWICH

FOCACCIA (COLD) SANDWICH 04

COTTO HAM FOCACCIA SANDWICH

義大利熟火腿佛卡夏三明治

義大利熟火腿（Cotto Ham）的味道溫和，而且肉質柔軟多汁，被廣泛使用於沙拉、三明治等料理。這一道三明治即以熟火腿為主角，搭配甜椒、萵苣、洋蔥等蔬菜，再用橄欖醬、羅勒美乃滋醬和油醋做調味，可以品嘗到清爽又酸甜的滋味。

Ingredients

橄欖醬

黑橄欖	10g
橄欖油	5g

羅勒美乃滋醬

羅勒醬	20g
美乃滋	30g

How to make

將搗碎的黑橄欖和橄欖油放入碗中攪拌均勻。

將羅勒醬和美乃滋放入碗中攪拌均勻。

COTTO HAM FOCACCIA SANDWICH

Ingredients

涼拌彩椒
紅椒	15g
青椒	15g
黃椒	15g
洋蔥	45g
白酒醋	15g
細砂糖	15g
橄欖油	15g

How to make

❶ 將紅椒、青椒、黃椒和洋蔥皆切成小塊後,裝入同一個碗中備用。

❷ 將白酒醋和細砂糖放入另一個碗中攪拌。

❸ 攪拌到砂糖的顆粒感消失,再一邊緩緩地倒入橄欖油,一邊攪拌。

❹ 將步驟 3 加入 1 中,攪拌均勻即可。

POINT 涼拌彩椒請於一天前完成,才會入味。

義大利熟火腿佛卡夏三明治
（一份）

佛卡夏	1 個
羅勒美乃滋醬 ●	15g
蘿蔓萵苣	2 片
高麗菜	2 片
洋蔥切片	5 個
番茄切片	2 個
涼拌彩椒 ●	15g
義大利熟火腿	50g
芝麻菜	3 根（約 8g）
橄欖醬 ●	5g
帕馬森起司	3g

* 這裡使用重量為 80g 的圓形佛卡夏。

❶ 將直徑約 10cm 的佛卡夏對半切，在其中一片上塗抹羅勒美乃滋醬。

POINT 取出冷凍狀態的佛卡夏後，先放入預熱至 220℃ 的烤箱中，烘烤約 2 分鐘後再使用。

❷ 鋪上蘿蔓萵苣和高麗菜。

❸ 放洋蔥切片和番茄切片。

POINT 番茄切成片狀之後稍微瀝乾。

❹ 放涼拌彩椒。

❺ 放義大利熟火腿。

POINT 將熟火腿撕成適當大小，盡量鋪得厚一點。

❻ 放芝麻菜和橄欖醬後，撒上刨成絲的帕馬森起司。

❼ 最後將另一片佛卡夏蓋上去即完成。

COTTO HAM FOCACCIA SANDWICH

FOCACCIA (COLD) SANDWICH 05

PULLED PORK MINI FOCACCIA SANDWICH

手撕豬肉迷你佛卡夏三明治

將BBQ風味的手撕豬肉混合略帶甜味和煙燻感的辣醬，作為三明治的主要味道，再搭配清爽的烤馬鈴薯和涼拌高麗菜，成功降低了單只有手撕豬肉時的厚重感。

Ingredients

烤馬鈴薯

馬鈴薯	1 顆
鹽	適量
胡椒	適量
綜合義大利香草	適量
橄欖油	適量

BBQ 手撕豬肉餡

BBQ 手撕豬肉（日本 S-FOOD 的產品）	60g
辣椒醬（MILLERS HOT & SWEET SAUCE）	4g

How to make

1　2　3

❶ 馬鈴薯洗淨後瀝乾，帶皮一起切成八等分（楔型），再撒鹽、胡椒、綜合義大利香草和橄欖油調味。

❷ 攪拌至調味料均勻地沾裹在馬鈴薯上。

❸ 放入預熱至 220℃ 的烤箱中，烘烤約 7 分鐘至微焦。

✄ 將 BBQ 手撕豬肉和辣椒醬放入碗中攪拌均勻。

PULLED PORK MINI FOCACCIA SANDWICH

Ingredients

How to make

涼拌高麗菜

高麗菜	75g
洋蔥	25g
胡蘿蔔	10g
白酒醋	8g
鹽	3g
細砂糖 A	4g
美乃滋	15g
芥末籽醬	3g
蜂蜜	2g
細砂糖 B	2g
檸檬汁	3g
酸奶油	4g

❶ 將高麗菜絲、洋蔥絲、胡蘿蔔絲、白酒醋、鹽和細砂糖 A 放入碗中攪拌均勻。

POINT 高麗菜、洋蔥和胡蘿蔔皆洗淨後瀝乾並切成絲備用。

❷ 置於室溫約 20 分鐘進行醃製。

❸ 用手擰乾蔬菜，徹底去除水分。

POINT 由於蔬菜中殘留的糖分和鹽分會影響整體口感，因此徹底去除水分是相當重要的步驟。使用蔬菜脫水器也是不錯的方法。

❹ 將美乃滋、芥末籽醬、蜂蜜、細砂糖 B、檸檬汁和酸奶油混合均勻。

❺ 最後將步驟 4 加入 3 中，攪拌均勻。

巴薩米克美乃滋醬

巴薩米克醋	20g
美乃滋	40g

將巴薩米克醋和美乃滋放入碗中攪拌均勻。

手撕豬肉迷你佛卡夏三明治
（一份）

迷你佛卡夏	1 個
橄欖油	適量
烤馬鈴薯 ●	4 個（約 43g）
莫札瑞拉起司片	1 片
BBQ 手撕豬肉餡 ●	60g
辣椒醬	4g
（MILLERS HOT & SWEET SAUCE）	
巴薩米克美乃滋醬 ●	6g
涼拌高麗菜 ●	40g

* 這裡使用重量為 60g 的圓形佛卡夏。

❶ 將直徑約 8cm 的迷你佛卡夏對半切。

❷ 兩片佛卡夏上都淋上橄欖油。

❸ 在其中一片佛卡夏上放烤馬鈴薯。

❹ 放莫札瑞拉起司片。

❺ 擺放上 BBQ 手撕豬肉餡後，放入預熱至 220℃ 的烤箱，烘烤約 2 分鐘。

❻ 擠辣椒醬和巴薩米克美乃滋醬。

❼ 放涼拌高麗菜。

❽ 最後將另一片佛卡夏蓋上去即完成。

PULLED PORK MINI FOCACCIA SANDWICH

FOCACCIA PIZZA 01

RAGOUT SAUCE & ROASTED VEGETABLE FOCACCIA PIZZA

烤蔬菜燉肉醬佛卡夏披薩

用絞肉和紅酒長時間熬煮而成的燉肉醬,經常出現在義大利麵和千層麵裡。把燉肉醬抹在佛卡夏上,再搭配各種烤蔬菜、起司和特製醬汁,便完成這道豐盛的開放式三明治。

Ingredients

燉肉醬

橄欖油	60g
大蒜	30g
迷迭香	3 根
月桂葉	2 片
洋蔥	200g
胡蘿蔔	150g
香菇	70g
芹菜	100g
奶油	30g
鹽	6g
牛絞肉	200g
豬絞肉	200g
烤肉醬(Hunt's)	100g
紅酒	100g
番茄泥	400g
墨西哥辣椒	100g
格拉納帕達諾起司粉	30g
葛拉姆馬薩拉	2g
胡椒	適量

How to make

❶ 將橄欖油、切薄片的大蒜、迷迭香和月桂葉放入平底鍋中,開中火加熱爆香。

❷ 加入洋蔥、胡蘿蔔、香菇和芹菜充分拌炒,全部炒熟後再放奶油和鹽繼續拌炒。

POINT 各種蔬菜事先切成差不多大小的小塊狀備用。

❸ 加入牛絞肉、豬絞肉,再次放鹽(額外的量)和胡椒來調味,並拌炒均勻。

❹ 肉煮熟時,加入烤肉醬和紅酒燉煮。

POINT 亦可用黑啤酒取代紅酒。

❺ 充分燉煮後,加入番茄泥、切小塊的墨西哥辣椒、格拉納帕達諾起司粉以及葛拉姆馬薩拉,繼續拌炒。

❻ 拌炒均勻後,最後放鹽(額外的量)和胡椒調味即完成。

RAGOUT SAUCE & ROASTED VEGETABLE FOCACCIA PIZZA

Ingredients

田園沙拉醬 ●

美乃滋	60g
酸奶油	60g
洋蔥	30g
蒜泥	0.5g
細砂糖	5g
鹽	1g
胡椒	少許

烤蔬菜 ●

南瓜	適量
胡蘿蔔	適量
馬鈴薯	適量
茄子	適量
鹽	適量
胡椒	適量
橄欖油	適量

How to make

❶ 將所有材料放入碗中攪拌。

❷ 再用手持攪拌棒研磨均勻。

❶ 將南瓜、胡蘿蔔、馬鈴薯和茄子皆切成差不多大小的大塊備用。

❷ 加入鹽、胡椒、橄欖油攪拌均勻。

❸ 在烤盤上鋪烘焙紙,並將所有蔬菜攤開鋪排上去。

❹ 放入預熱至 220℃ 的烤箱,烘烤約 5 分鐘。

烤蔬菜燉肉醬佛卡夏披薩
（一份）

佛卡夏	1 個
番茄泥	25g
燉肉醬 ●	65g
莫札瑞拉起司片	12g
莫札瑞拉起司絲	10g
烤蔬菜 ●	適量
田園沙拉醬 ●	14g
嫩葉蔬菜	4g
橄欖油	適量
帕馬森起司	適量

* 這裡使用切成 10×10×1.5cm 的佛卡夏。

❶ 將佛卡夏放置於烤盤上，第一層先塗抹番茄泥。

POINT 取出冷凍狀態的佛卡夏後，先放入預熱至 220℃ 的烤箱中，烘烤約 2 分鐘後再使用。

❷ 接著塗抹燉肉醬。

❸ 依序放莫札瑞拉起司片與莫札瑞拉起司絲。

❹ 放入預熱至 220℃ 的烤箱，烘烤約 4 分鐘至起司融化。

❺ 放適量的烤蔬菜。

❻ 擠上田園沙拉醬。

❼ 鋪上嫩葉蔬菜。

❽ 均勻淋上橄欖油。

❾ 最後撒上利用刨刀刨成絲的帕馬森起司即完成。

RAGOUT SAUCE & ROASTED VEGETABLE FOCACCIA PIZZA

FOCACCIA PIZZA 02

LEEK & PEPPERONI FOCACCIA PIZZA

韭蔥義式臘腸佛卡夏披薩

這道料理靈感來自於使用番茄醬料作為抹醬的普切塔（Bruschetta，義大利開胃菜）。番茄醬料的清爽酸甜味、義式臘腸的鹹香、烤韭蔥的甜味，三者和諧地融合在一起，形成這一道可以讓人同時感受到義大利和亞洲風味的披薩。

Ingredients

韭蔥臘腸配料 ●

韭蔥	150g
莫札瑞拉起司絲	40g
墨西哥風味起司絲	75g
橄欖油	15g
義式臘腸	280g
胡椒	適量

番茄醬料 ●

日曬番茄乾 （Nature F&B）	250g
蒜泥	10g
格拉納帕達諾起司粉	70g
橄欖油	90g
杏仁粒	60g
蜂蜜	15g
胡椒	適量

韭蔥義式臘腸佛卡夏披薩
（一份）

佛卡夏	1 個
番茄醬料 ●	30g
莫札瑞拉起司 （起司絲 & 起司片）	20g
韭蔥臘腸配料 ●	50g
橄欖油	適量
帕馬森起司粉	適量

* 這裡使用切成 10×10×1.5cm 的佛卡夏。

How to make

❶ 將韭蔥臘腸配料的所有材料，放入碗中攪拌均勻。

POINT 韭蔥洗淨後瀝乾，切成細絲備用。

❷ 將番茄醬料的所有材料放入碗中，用手持攪拌棒研磨。

POINT 杏仁粒先放入預熱至 150℃ 的烤箱中，烘烤約 8 分鐘至微焦，待冷卻後使用。

❶ 將佛卡夏放置於烤盤上，第一層先塗抹番茄醬料。

POINT 取出冷凍狀態的佛卡夏後，先放入預熱至 220℃ 的烤箱中，烘烤約 2 分鐘後再使用。

❷ 放上莫札瑞拉起司，再鋪上韭蔥臘腸配料後，放入預熱至 220℃ 的烤箱，烘烤約 5 分鐘。

POINT 在烘烤出爐的佛卡夏表面灑橄欖油和帕馬森起司粉。

LEEK & PEPPERONI FOCACCIA PIZZA

FOCACCIA PIZZA 03

EGGPLANT SPREAD FOCACCIA PIZZA

茄子醬佛卡夏披薩

用烤茄子和奶油乳酪製作出柔滑的抹醬,並以此作為這道料理的亮點。在塗抹了茄子抹醬的佛卡夏上,鋪滿烤蔬菜和新鮮嫩葉,再搭配起司和蜂蜜酸奶醬,增添風味層次。

Ingredients

茄子抹醬 ●

茄子	350g
橄欖油	適量
奶油乳酪	30g
帕馬森起司粉	12g
蜂蜜	10g
鹽	適量
胡椒	適量

How to make

❶ 將茄子洗淨後瀝乾,擺在烤盤上,並在茄子中間劃一刀。

❷ 在切開的茄子內部和外部皆灑上橄欖油並塗抹均勻。

❸ 放入預熱至 220℃ 的烤箱中,烘烤約 20 分鐘。出爐後,用噴槍炙燒茄子表面,賦予煙燻香氣。

❹ 將烤茄子切成方便研磨的大小,放入調理碗中。

POINT 茄子如果帶皮研磨,醬的顏色就會偏暗。如果希望醬的顏色清澈,請剝除外皮後再製作。

❺ 接著加入奶油乳酪、帕馬森起司粉、蜂蜜、鹽和胡椒,用手持攪拌棒研磨均勻。

EGGPLANT SPREAD FOCACCIA PIZZA

284 — 285

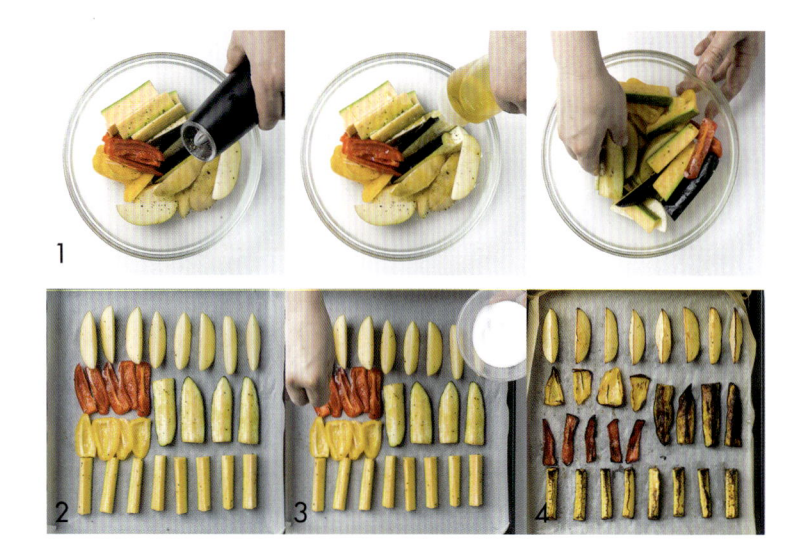

Ingredients

烤蔬菜

茄子	適量
迷你水果彩椒	適量
南瓜	適量
馬鈴薯	適量
胡椒	適量
橄欖油	適量
鹽	適量

How to make

❶ 將茄子、迷你水果彩椒、南瓜和馬鈴薯切成差不多大小的塊狀後，加胡椒和橄欖油並攪拌均勻

POINT 馬鈴薯連皮一起使用。

❷ 在烤盤上鋪烘焙紙並擺放蔬菜。

❸ 在蔬菜表面均勻地撒鹽。

❹ 放入預熱至220℃的烤箱，烘烤約5分鐘。

POINT 蔬菜的種類和切塊大小會影響烘烤時間，因此在烘烤時需要留意各蔬菜的情況，並按照烤熟的順序（茄子→彩椒→南瓜→馬鈴薯）從烤箱中取出。

蜂蜜酸奶醬

酸奶油	50g
蜂蜜	5g

✗ 將酸奶油和蜂蜜放入碗中攪拌均勻。

茄子醬佛卡夏披薩
（一份）

佛卡夏	1 個
茄子抹醬 ●	30g
莫札瑞拉起司絲	26g
烤蔬菜 ○	適量
青花菜	適量
莫札瑞拉新鮮起司	10g
蜂蜜酸奶醬 ●	5g
櫻桃蘿蔔	適量
嫩葉蔬菜	適量
芝麻菜	適量
橄欖油	適量
帕馬森起司	適量

* 這裡使用切成 10×10×1.5cm 的佛卡夏。

❶ 將佛卡夏放置於烤盤上，第一層先塗茄子抹醬。

POINT 取出冷凍狀態的佛卡夏後，先放入預熱至 220℃ 的烤箱中，烘烤約 2 分鐘後再使用。

❷ 放莫札瑞拉起司絲。

❸ 鋪上烤蔬菜（茄子 2 塊、南瓜 3 塊、馬鈴薯 3 塊、彩椒 2 塊）和青花菜。

POINT 青花菜洗淨後瀝乾，切成適當大小備用。

❹ 放莫札瑞拉新鮮起司。

❺ 放入預熱至 220℃ 的烤箱，烘烤約 4 分鐘。

❻ 淋上蜂蜜酸奶醬。

❼ 擺上切成薄片的櫻桃蘿蔔、嫩葉蔬菜和芝麻菜。

❽ 均勻地灑上橄欖油。

❾ 鋪上用刨刀削成片的帕馬森起司。

EGGPLANT SPREAD FOCACCIA PIZZA

"
如果希望抹醬帶有煙燻香氣，
可以用噴槍稍微炙燒茄子；
如果想保留茄子本身的味道，
則直接使用烘烤過的茄子即可。
"

EGGPLANT SPREAD FOCACCIA PIZZA

FOCACCIA PIZZA 04

TOMATO & BASIL FOCACCIA PIZZA

番茄羅勒佛卡夏披薩

在佛卡夏上塗滿義式紅醬，再加上彩色小番茄、橄欖油和莫札瑞拉起司後烘烤，最後以新鮮羅勒作為點綴，即完成這道能讓人充分感受到義大利風味的料理。

Ingredients

番茄羅勒佛卡夏披薩
（一份）

佛卡夏	1 個
義式紅醬 ●	40g
（參考 P.258）	
莫札瑞拉起司絲	30g
彩色小番茄	適量
橄欖油	適量
一口吃莫札瑞拉	適量
芝麻菜	適量
帕馬森起司	適量
新鮮羅勒	適量

* 這裡使用切成 10×10×1.5cm 的佛卡夏。

How to make

❶ 將佛卡夏放置於烤盤上，第一層先塗抹義式紅醬。

POINT 取出冷凍狀態的佛卡夏後，先放入預熱至 220℃ 的烤箱中，烘烤約 2 分鐘後再使用。

❷ 鋪滿莫札瑞拉起司絲。

❸ 放切半的小番茄。

❹ 均勻地灑上橄欖油。

❺ 放入預熱至 220℃ 的烤箱，烘烤約 3 分鐘後，放上一口吃莫札瑞拉再烤 1 分鐘。

❻ 放上芝麻菜、刨成薄片的帕馬森起司和新鮮羅勒，最後再灑一點橄欖油。

POINT 如果想呈現更濃郁的羅勒香氣，可以塗抹羅勒醬，再放上新鮮羅勒。

TOMATO & BASIL FOCACCIA PIZZA

"

本章節介紹的各種醬汁或醬料,
都能根據需求加以應用、搭配,
並按照個人喜好或季節變化來更換食材,
就能做出更豐富多樣化的佛卡夏披薩。

"

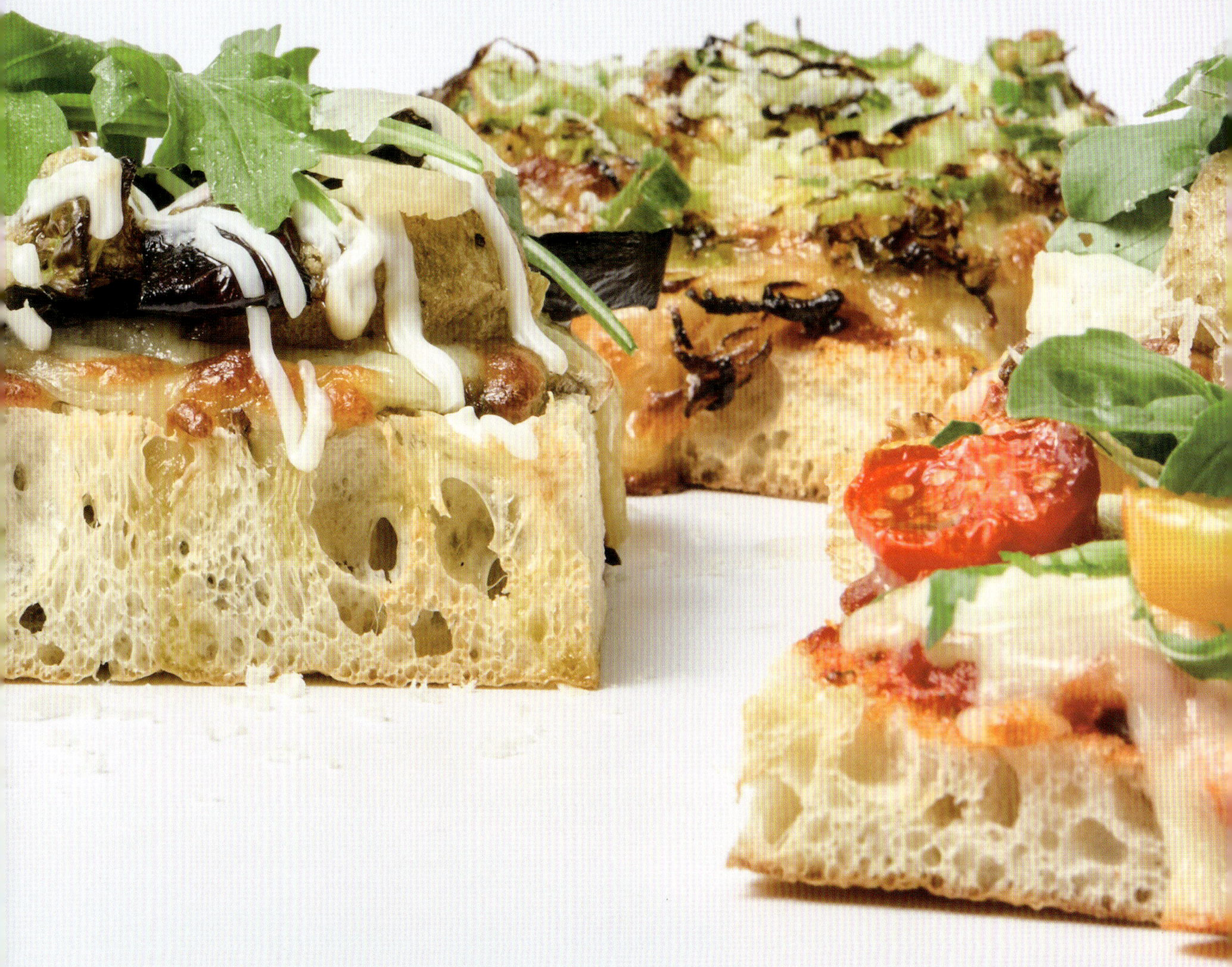

SALAD & SOUP 01

PANZANELLA SALAD

義式番茄沙拉

在義大利家庭中，人們喜歡把放了一段時間的麵包加進沙拉裡享用。大多會搭配義大利沙拉醬，但我個人更偏愛酸酸甜甜的醬汁。適合加進這類沙拉的麵包，包括佛卡夏、巧巴達、法式長棍和貝果等，因為這些麵包即使吸收了濕氣，還是能保持酥脆的口感。

Ingredients

芥末檸檬油醋醬

第戎芥末醬	7.5g
檸檬汁	22.5g
紅酒醋	15g
細砂糖	30g
蒜泥	3.5g
鹽	1.5g
胡椒	少許
橄欖油	50g

沙拉

四季豆	5 個
皺葉萵苣	25g
蘿蔓萵苣	25g
番茄（中型）	3 個
嫩葉蔬菜	10g
塌棵菜	2 根
黑橄欖	12g
佛卡夏	50g
芥末檸檬油醋醬	60g
帕馬森起司	適量

How to make

❶ 將橄欖油以外的所有材料放入碗中，用打蛋器攪拌。

❷ 一邊緩緩地倒入橄欖油，一邊攪拌至均勻。

❸ 完成的醬汁置於冰箱保存，在七日內使用完畢。

POINT 冷藏的醬汁會呈現油凝固或者油水分離的狀態，所以使用前須先置於室溫、充分攪拌後再用。

❶ 將芥末檸檬油醋醬以外的所有材料處理好後放入碗中。

POINT ● 將菜葉和番茄洗淨後瀝乾，切成適當大小。四季豆燙熟後切段。蔬菜可依季節和喜好選用。

● 佛卡夏會吸收醬汁，因此不要切得太小，建議切成長寬各約 2cm。

❷ 倒入芥末檸檬油醋醬，將所有材料攪拌均勻。

❸ 確認所有材料都沾附上醬汁即完成。

POINT 移至盤子上，撒上用刨刀刨成絲的帕馬森起司。

PANZANELLA SALAD

SALAD & SOUP 02

CAESAR SALAD

凱薩沙拉

這是世界知名的沙拉之一,深受大眾喜愛,去沙拉專賣店或餐廳時都很常看到。在義大利也很普遍,人們通常會在沙拉中加入酥脆的麵包丁。為了充分利用剩餘的佛卡夏,我將其切成薄片並烤得脆脆的,取一小塊後放些沙拉上去,一口吃下真的非常美味。

Ingredients

佛卡夏麵包片 ●

| 佛卡夏 | 適量 |
| 橄欖油 | 適量 |

凱薩醬 ●

美乃滋	100g
橄欖油	8g
格拉納帕達諾起司粉	6g
蜂蜜	4g
檸檬汁	2g
大蒜	2g
油漬鯷魚(RIZZOLI)	1.6g
芥末籽醬	5g

沙拉

蘿蔓萵苣	45g
水煮蛋	半顆
烤培根	11g
烤杏仁粒	15g
凱薩醬 ●	10g
帕馬森起司	10g
佛卡夏麵包片 ●	3 片

How to make

❶ 將切成薄片的佛卡夏放置於烤盤上,撒少許橄欖油。

❷ 放入預熱至 150℃ 的烤箱,烘烤約 15 分鐘至呈淺褐色。

POINT 烘烤的溫度和時間實際上會因佛卡夏的厚度而不同,因此在烘烤過程中需要經常確認烘烤情況。

❶ 將芥末籽醬以外的所有材料,用手持攪拌棒混合。

POINT 油漬鯷魚須事先去除油漬,秤好重量備用。

❷ 最後加入芥末籽醬並攪拌均勻。

❶ 蘿蔓萵苣洗淨後瀝乾、切成適當大小,和凱薩醬拌勻。

POINT 儘量輕柔地攪拌,避免蘿蔓萵苣爛掉。

❷ 將萵苣盛盤,放上切薄片的水煮蛋、用刨刀削成片的帕馬森起司、烤培根、烤杏仁粒、佛卡夏麵包片即完成。

POINT 培根放入預熱至 170℃ 的烤箱,烤到焦脆後切成適當大小。杏仁粒放入預熱至 150℃ 的烤箱,烘烤約 10 分鐘,直到中間部分呈淺褐色。

CAESAR SALAD

SALAD & SOUP 03

MUSHROOM SOUP & FOCACCIA STICK

洋菇湯佐佛卡夏麵包片

將新鮮的洋菇、焦糖化的洋蔥與鮮奶油一起煮入味，即完成這一款香濃的湯品。再搭配淋上橄欖油後烤得酥脆的佛卡夏麵包片，就會是一份很有飽足感的餐點。煮好的湯可以分裝後冷凍保存（一人份約130g），需要時取出加熱即可享用，相當方便。

Ingredients

洋菇湯

橄欖油	3g
奶油 A	4g
洋蔥	100g
鹽	適量
奶油 B	15g
大蒜	1/2 個
洋菇	250g
百里香	1 根
牛奶	400g
鮮奶油	180g
帕馬森起司粉	10g

其他

佛卡夏麵包片（P.296）	3 片

How to make

❶ 將橄欖油和奶油 A 放入鍋中加熱，奶油融化後，再加入切絲的洋蔥和鹽攪拌。

❷ 繼續以中火攪拌，直到洋蔥焦糖化且呈深褐色即取出。

❸ 直接使用煮過洋蔥的鍋子，放入奶油 B 和切薄片的大蒜，煮滾且散發出濃郁蒜香時去除大蒜。

❹ 奶油融化後加入切片的洋菇、焦糖化的洋蔥 60g 和百里香，繼續拌炒。

❺ 洋菇煮熟後，加入牛奶和鮮奶油繼續加熱。

❻ 煮滾後加鹽和胡椒（額外的量）來調味，再加入帕馬森起司粉並攪拌。最後倒入攪拌機研磨均勻即完成。

POINT 如果想保留洋菇口感，只需取三分之二進行研磨，其餘洋菇在最後放回湯中即可。

MUSHROOM SOUP & FOCACCIA STICK

298 – 299

準備這本書時，進行研發、測試的各種製品。

EPILOGUE
後記

我至今仍忘不了第一次製作佛卡夏的那一天。既鬆軟又有嚼勁，味道淡雅卻讓人回味無窮，這樣的麵包對我來說極具魅力。

從那時起，我開始嘗試將當時在韓國乏人問津的佛卡夏，加入各種在地食材，例如大蒜、青陽辣椒、菠菜、洋蔥等等，也試著改變形狀。對現在的我來說，佛卡夏依然是一種非常有趣又美味的義大利麵包。

我在一趟義大利旅途中，首次造訪了佛卡夏專賣店。進入那家店的瞬間，陳列在眼前的琳瑯滿目的佛卡夏讓我驚艷不已。當我看到當地人把佛卡夏用紙簡單包裹後輕鬆享用的模樣，便萌生出：「總有一天也要在韓國開這種佛卡夏專賣店」的想法。如今，在韓國陸續出現不同形貌的佛卡夏專賣店，這應該也代表著佛卡夏未來會成為更容易被大眾接受的麵包吧！

很高興在這個時間點出版一本以佛卡夏為主題的書籍。在準備出書的過程中，我使用不同國家、地區生產的麵粉進行測試，同時為了製作出能讓大家都吃得津津有味的佛卡夏，我也嘗試使用各式各樣的材料來研發口味，最終完成了我個人極為滿意的食譜。

這本書裡亦收錄了低溫發酵的基本理論、義大利種等前置酵種的做法，以及有助於店鋪販售的高效率製作關鍵，當然，最重要的是我毫不保留地公開足以開設一間佛卡夏專賣店的美味食譜，以及作為餐廳早午餐菜單完全不遜色的應用品項。希冀這本書可以幫助到所有烘焙工作者、正在準備創業的人、正在學做麵包的學生以及家庭烘焙人。

有句話説：「沒有比書更好的老師了。」我也將會懷抱更大的責任感，成為一位更加努力精進的烘焙師。

BAKER.   洪相基

4GYE
BAKING ACADEMY

blog   instagram

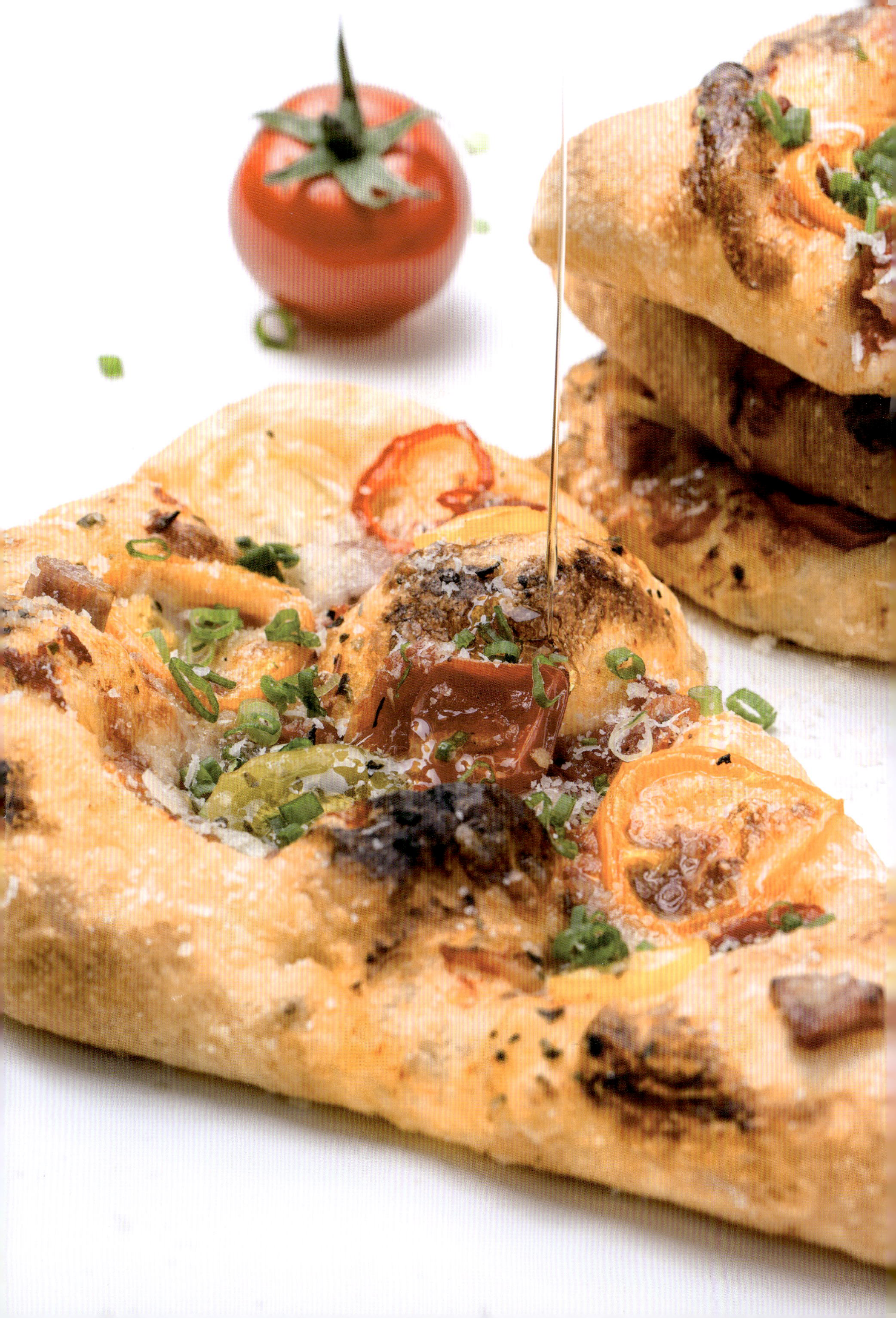

台灣廣廈 國際出版集團
Taiwan Mansion International Group

國家圖書館出版品預行編目（CIP）資料

義式經典！佛卡夏的美味祕密：烘焙名師的「低溫發酵法」×33種營業配方，一次掌握人氣風味、口感的製作與應用／洪相基著；林大懇譯. -- 初版. -- 新北市：台灣廣廈, 2025.03
304 面；19×26 公分
ISBN 978-986-130-652-0（平裝）
1.CST: 點心食譜 2.CST: 麵包

427.16　　　　　　　　　　　　　　114000977

義式經典！佛卡夏的美味祕密
烘焙名師的「低溫發酵法」×33種營業配方，一次掌握人氣風味、口感的製作與應用

作　　者／洪相基	總編輯／蔡沐晨・編輯／許秀妃
譯　　者／林大懇	封面設計／曾詩涵・內頁排版／菩薩蠻數位文化有限公司
	製版・印刷・裝訂／東豪・弼聖・秉成

行企研發中心總監／陳冠蒨　　線上學習中心總監／陳冠蒨
媒體公關組／陳柔彣　　　　　企製開發組／張哲剛
綜合業務組／何欣穎

發　行　人／江媛珍
法律顧問／第一國際法律事務所 余淑杏律師・北辰著作權事務所 蕭雄淋律師
出　　版／台灣廣廈
發　　行／台灣廣廈有聲圖書有限公司
　　　　　地址：新北市235中和區中山路二段359巷7號2樓
　　　　　電話：(886) 2-2225-5777・傳真：(886) 2-2225-8052

代理印務・全球總經銷／知遠文化事業有限公司
　　　　　地址：新北市222深坑區北深路三段155巷25號5樓
　　　　　電話：(886) 2-2664-8800・傳真：(886) 2-2664-8801
郵政劃撥／劃撥帳號：18836722
　　　　　劃撥戶名：知遠文化事業有限公司（※單次購書金額未達1000元，請另付70元郵資。）

■出版日期：2025年03月　　ISBN：978-986-130-652-0
　　　　　　　　　　　　　　版權所有，未經同意不得重製、轉載、翻印。

포카치아 : 저온 발효에 관한 실질적 이론과 레시피
Copyright ©2023 by HONG SANGKI
All rights reserved.
Original Korean edition published by THETABLE, Inc.
Chinese(complex) Translation Copyright ©2025 by Taiwan Mansion Publishing Co.,Ltd.
Chinese(complex) Translation rights arranged with THETABLE, Inc.
through M.J. Agency, in Taipei.